新能源开发与利用丛书

太阳能制造：光伏组件的环境设计概念

［美］米歇尔·波利斯凯（Michelle Poliskie）著
何　嵩　李梅香　译

机　械　工　业　出　版　社

本书是特别针对太阳能光伏行业在发展了十几年后出现和需要解决的长期可持续发展(环保)而专门撰写的。本书从技术的角度全面地分析了电池和组件原材料在生产和回收过程中对环境的影响，以及光伏组件在国际贸易中由于环保因素而面临的市场准入门槛，如欧盟和美国的环保法规带来的贸易壁垒等。

本书对从事光伏行业的各类人群都有一定的参考价值，如管理人员、工程师、市场推广人员等。书中介绍的知识可以帮助光伏行业的从业人员了解环保因素带来的对光伏组件更高更多的技术方面的要求，从而可以增强企业的可持续发展能力。

译者序

太阳能光伏行业如火如荼地发展十几年了，发展初期，行业普遍对如何提高光电转换效率和降低生产成本更加关注，这和企业的收益直接相关。大多数的太阳能光伏技术书籍也是主要在讲述这方面的知识。如今，作为绿色产业，人们对光伏组件在生产和回收过程中可能产生的污染也逐渐重视起来。

本书全面地介绍了光伏组件在环保过程中面临的技术和法规等议题。这是本书和其他光伏技术书籍最大的不同之处，值得引进出版，供业内人员参考。

本书是特别针对太阳能光伏行业在发展了十几年后出现和需要解决的长期可持续发展（环保）而专门撰写的。本书从技术的角度全面地分析了电池和组件原材料在生产和回收过程中对环境的影响，以及光伏组件在国际贸易中由于环保因素而面临的市场准入门槛，如欧盟和美国的环保法规带来的贸易壁垒等。

本书对从事光伏行业的各类人群都有一定的参考价值，如管理人员、工程师、市场推广人员等。书中介绍的知识可以帮助光伏行业的从业人员了解环保因素带来的对光伏组件更高更多的技术方面的要求，从而可以增强企业的可持续发展能力。

感谢厦门大学能源学院的骈麒麟、裴怡茹、熊贝妮和刘星雨同学对翻译本书所提供的帮助。

译者

原书前言

全球变暖已经是科学界和政界大规模辩论的话题。每年，新的报告都会重新引起讨论并产生持续冲突。在2011年11月，这种辩论再一次加强。一份由世界气象组织（WMO）提供的报告促使温室气体和全球变暖议题再次成为公众关注的焦点。在2011年11月21日，WMO提供的一份“Green Gas Bulletin（温室气体公告）”中提到二氧化碳的浓度相比于工业化前提高了39%。这份报告同时指出，就算是处于全球经济危机的2009～2010年，温室气体也上升了1.4%[1,2]。主要的排放源是用于生产能源的化石燃料燃烧。

尽管减少二氧化碳的效果受到了争议，但光伏发电还是被广泛地认为比化石燃料具有更少的碳足迹。这项声明是光伏企业提升市场空间的核心价值主张。然而客户不可能仅仅由于光伏的环保益处而购买光伏组件，他们通常会选择具有更多价值的相同价格的产品。

在过去，客户会乐于见到更多的低价光伏组件产品。然而，低价竞争导致大量的光伏企业由于无法降低生产成本而倒闭。由于能源独立的战略重要性，故没有政府愿意单一的依靠国外制造的进口光伏组件。因此，越来越多的政府机构寻求保护本国市场被国外产品倾销的手段。策略之一就是制定规则和补贴来提高产品的市场准入门槛。比如，一些欧洲国家要求有最低的能量回收时间和具体的组件碳足迹来达到政府补贴的要求。

全球光伏安装量从2000年的1.5GW上升到2011年的65GW[3]。快速增长的光伏安装量引起了公众对可能没有正确处理光伏工业产生的新废弃物的担心。光伏安装量的快速增长可能导致破损旧组件的不恰当处理、环境的污染以及流向海外。尽管这种情况还没有在光伏工业中出现，但是已经在电子工业中出现。为了防止电子工业中出现的这些问题，奥巴马总统签署法令规定2010年11月15日为美国回收日。这项法令同时要求组成一个政府行动机构来报告并提出联邦政策，以改善与回收相关的环境可持续性。尽管目前重点不在光伏工业，但是随着光伏行业的成熟很有可能会被包括在现有法规内。

光伏和电子行业在欧洲环境法规中已经被捆绑在一起了。在被排除在欧洲废弃电子电气设备（WEEE）指令数年后，在2012年1月18日，欧洲委员会通过提议把光伏行业加入了这个指令。这项指令促使光伏企业直接负责组件废弃时的回收工作。这个计划的一个重要内容就是保障消费者了解光伏组件可以也应该被负责任地回收。这些增加的责任包括教育拓展，报告与回收会增加光伏企业的运营成本，因此会削弱与传统能源（如化石燃料）的竞争力。但是，如果法案延迟光伏行业的纳入，那么光伏对环境的害处将大于益处。毕竟，如此前所述，传统能源已被证明对环境质量有威胁，然而光伏还是个没有确定和预见的威胁。

可通过增强市场竞争和加大法规压力迫使光伏企业为环境可持续发展策略制定程序。本书描述可持续发展概念和光伏企业采用的方法。前两章让读者熟悉不同的光伏技术并提供可持续发展的总体介绍。第 3 章讲述如何将可持续发展指标运用到光伏组件。第 4 章讨论这些指标是如何运用到环境法规中，以及运用法规产生市场准入壁垒的手段。最后一章讨论当前提高光伏组件环境价值的产品开发趋势。

参考文献

1. World Meteorological Organization. *WMO Greenhouse Gas Bulletin.* Geneva: WMO, November 7, 2011.
2. World Meteorological Organization. *WMO Greenhouse Gas Bulletin.* Geneva: WMO, November 6, 2010.
3. International Energy Agency. "Topic: Solar (PV and CSP)." IEA, Paris, July 31, 2012. www.iea.org

致　谢

首先感谢 James Lambert 博士为本书各章节提供的技术支持和文字润色。

之后，十分感谢父母牺牲了他们的一些梦想来成全我对梦想的追逐。感谢我的哥哥一直支持我不断挑战在当时看来似乎是不可能的事情。

Michelle Poliskie

目 录

第1章 光伏组件介绍

全球安装的光伏发电量有所增加，从2000年的约1.5GW到2011年的65GW[1,2]。光伏组件的快速部署已引起利益相关者质疑行业是否花时间避免化学品对工人、环境和客户的危害[3-5]。无论这是不是有效的关注点，因为行业尚未成熟，这都是实现最佳环境管理实践的适时机会。

本书的范围仅限于对光伏组件的危害识别和风险管理及与环境毒理学有关的策略。光伏组件的暴露潜力和生态毒理学是业界制定环保战略要考虑的主要指标。环境危害和适当的安全措施针对光伏电池组成和相关的制造活动。所以，彻底地回顾一下光伏技术对于接下来的讨论是很恰当的。

1.1 光伏电池类型

任何光伏组件的唯一功能都是将入射阳光转换为电力。这种机制发生在组件内镶入的光伏电池中。电池由前面接触、半导体材料和背面接触组成。半导体材料有时被称为活性层，因为它负责发电。半导体前后接触由携带电子的导电金属组成，并为连接的负载供电。没有接触，不可能将电子从活性半导体层引出。因为光伏电池是光伏组件的核心，所以可以使用电池的化学类型来定义每种光伏技术。而晶体硅和薄膜是平板组件电池中两个最普遍的技术。

2011年，晶体硅技术占据世界光伏市场的80%~90%，而薄膜占据剩余的大部分市场[6]。晶体硅半导体（c-Si）化学可以进一步细分为单晶硅（sc-Si）和多晶硅（pc-Si）技术。单晶电池占据最大的工业部分。薄膜是指与硅电池相比更薄的光伏电池。相比而言，大多数薄膜是晶体硅电池厚度的1/100。根据全球生产量，主要的薄膜技术包括碲化镉（CdTe）、非晶硅（a-Si）、铜铟二硒化合物（CIS）和铜铟镓二硒化合物（CIGS）（见图1.1）。

1.1.1 从光伏电池中产生电力

尽管上述光伏电池的化学成分不同，但它们都可以被定义为半导体材料。半

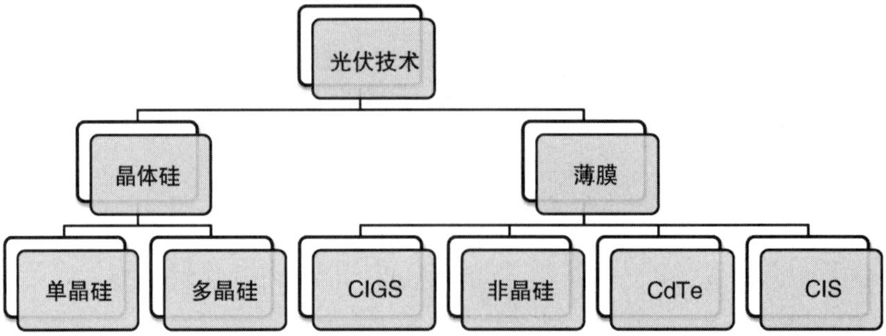

图 1.1　光伏技术分类

导体是表现物理性质的材料，介于绝缘体和导体之间。在一个亚原子水平，半导体的特征在于能隙在导电带和价带之间。能带是一个通常没有电子存在的量子化能级，通常称为带隙 E_g。在这种情况下，带隙定义为发电所需的光波长。入射光能量等于或高于带隙可导致电子从价带跃迁到导带。一旦入射光将电子从原子轨道中激发出去，会留下一个空穴（见图 1.2）。电子和相应的空穴都是载流子。

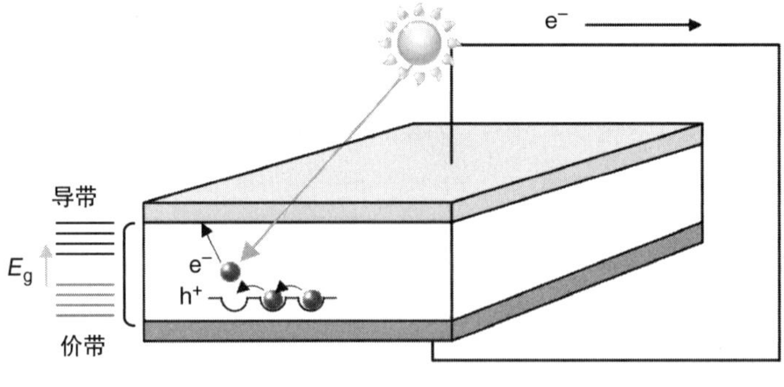

图 1.2　光伏电池的半导体层中光生载流子产生示意图

为了发电，电荷必须在电池内分开，电子流过外部电路。电路周围的电流产生必要的电流驱动外部设备。能源转换效率同时也称为电池效率，是电池产生的电能与电池上入射光能量的比值。理想下到达光伏组件的所有光将被转换为电力，比例等于 1。数学上说，入射光的功率 P_{in} 将相当于通过光伏电池产生的功率 P_{out} ［见式（1.1）］。然而这是永远不会发生的，因此，对效率计算的深入分析应该靠什么才能有助于性能优化？具体来说，能量是电流 J 和电压 V 的乘积。因此，电池的能量转换效率 η 与电流和电压成正比。所有光伏制造商试图通过使电压、电流或两者最大化来优化能量。

$$\eta = \frac{P_{out} = VJ}{P_{in}} \tag{1.1}$$

下面的讨论将强调由光伏制造商优化电池电流的方法。化学材料可以通过增加对载流子电荷有用的漂移和扩散来优化。漂移是单电子电荷 e、载流子电荷浓度 n、载流子迁移率 μ 和施加的梯度 E 的乘积。电荷扩散是玻尔兹曼常数 k（$=1.38065\times10^{-23}\text{J}\times\text{K}^{-1}$）、温度 T、载流子迁移率 μ 和载流子电荷浓度梯度 ∇n 的乘积［见式（1.2）］。增加载体电荷的浓度和迁移率是化学家试图优化电池电流的两个主要考虑因素[7]。

$$J = J_{\text{drift}} + J_{\text{diffusion}} = en\mu E + kT\mu\nabla n \tag{1.2}$$

1.1.2 优化光伏电池的电学性能

有多种情况会降低电池的理想能量转换效率。一些最可能的情况包括入射光的可用波长的集中和确保电荷分离，允许电子流过外部电路。鉴于它们的复杂性，每种情况都会逐一解释。

不同的光伏技术对不同波长的光敏感。因此，重要的是光伏行业要完全了解太阳光的自然光谱并围绕大气环境条件设计电池（见图1.3）。

a)

b)

图1.3 a）光伏组件的太空使用示例（哈勃望远镜模型）；
b）光伏组件的地面使用示例（组件在屋顶上）

幸运的是，太阳产生的光谱辐照度已经由航空航天界在卫星和航天飞机任务过程中测定了。而参考光谱已由美国测试和材料学会（ASTM）在ASTM E490（标准太阳能常量和零空气质量太阳光谱辐照度表）中记录在案了[8]。根据此标准，太阳的几乎96.3%辐射在200~2500nm波长之间，其余的3.7%发生在较长的波长。这种未过滤的电磁光谱通常称为空气质量零（AM0）（见图1.4）。部署在太空应用中的太阳电池通常会捕获红外区域的光谱发光。

太阳的电磁光谱被地球大气层中的各种分子过滤。氮气（约78.08vol%）、氧气（约20.95vol%）、氩气（约0.93vol%）和二氧化碳（约0.04vol%）是4种最多的化合物。水的数量也是以地理位置而变化。这些分子在各种波长下吸收。水、二氧化碳和氧气在近红外区域吸收。分子氧和氮在较短波长（<190nm）

下吸收。而臭氧（约 7×10^{-6}vol%），身为地球上最普遍的大气过滤器，在弱紫外线（UV，200~300nm）区域被吸收。因此，太阳电池在地面安装必须在可见光区域（400~700nm）具有最大的转换效率，大部分的光在这个区域穿透。

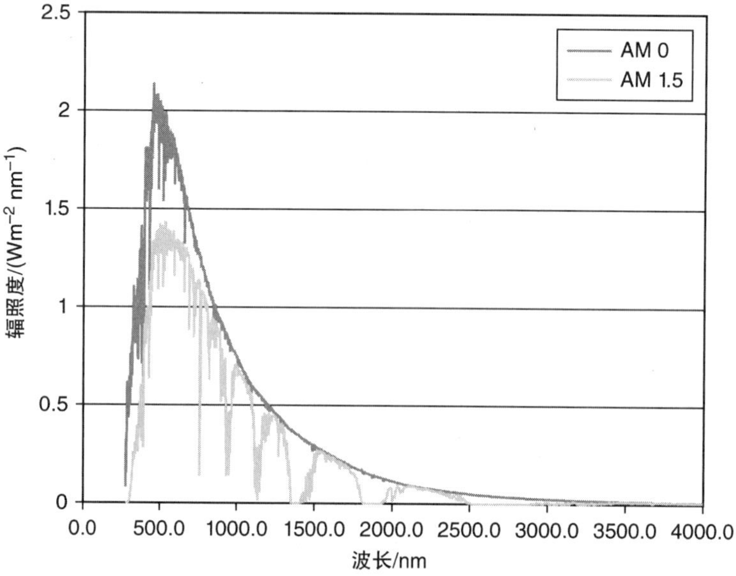

图 1.4 AM0 和 AM1.5 太阳光谱辐照度的比较曲线

光的强度也取决于地球和太阳之间的角度。这个角度取决于观察的时间，由季节和昼夜周期定义。它也是光伏组件位置的判断依据，由其在地球表面经度、纬度和高程定义。因为有大量的变量跟踪，所以科学家已经规范化了计算。惯例是使用空气质量，其定义为路线长度 L 到参考路径长度的比例。当太阳的位置与地球表面垂直时，光伏组件处于海平面 L_0 时的光路线，并评估参考路径长度［见式（1.3）］。这可以近似为 L 和 L_0 的角度 z 的反余弦。由于大多数光伏装置都大概在天顶角 48.2°，中纬度海拔，因此导致空气质量为 1.5（AM1.5）（见图 1.5）。

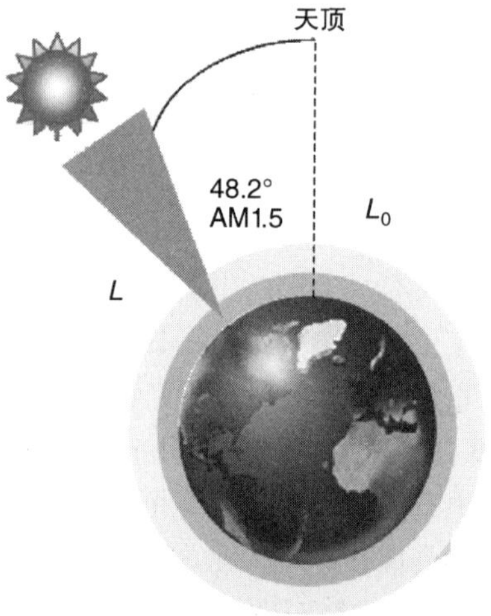

图 1.5 AM1.5 描述

$$\mathrm{AM} = \frac{L}{L_0} \approx \frac{1}{\cos z} \qquad (1.3)$$

即使在直接照射下，并非所有的入射光都可以收获，因为光伏电池只吸收特定波长的光。光可以被视为光子或量化能量的粒子。光谱可以表征为具有不同能量光子的分布。只有能量等于或大于电池禁带宽度的光子才会产生电输出（见表 1.1[9]）。那些关键波长在 AM1.5 频谱中可以通过重新排列找到普朗克 - 爱因斯坦方程。可用光的最大波长与带隙的能量 E_g 成正比，与普朗克常数 $h(=4.135\times10^{-15}\mathrm{eV-s})$ 和光速 $c(=299\ 792\ 458\mathrm{m/s})$ 的乘积成反比［见式（1.4）］。

$$\lambda = c\left(\frac{h}{E_g}\right) \qquad (1.4)$$

表 1.1 半导体电池化学元素、禁带宽度和最大可用光谱波长

半导体化学元素	禁带宽度 E_g/eV	最大波长 λ/nm
单晶硅	1.1	1128
多晶硅	1.12	1107
非晶硅	1.7	730
CIS	1.04	1193
CIGS	1.2	1034
CdTe	1.5	827

来源：可再生能源研究国际科学小组和可再生能源发展，“全球光伏与风能报告”，2009 年 12 月。

当电池可用时，需确定一个狭窄可用的光区通过地球大气过滤的波长与被电池吸收的波长（见图 1.6）。举个例子，对于 CdTe 电池，波长比 827nm 波长长的光子不是与半导体化学相互作用，而是直接通过电池。而波长小于 827nm 的光子导致电力效率下降。这是因为波长很短，热能增加，产生的热量导致能量的转换效率下降。

最后，在产生电流之前电荷载流子的复合是造成效率低下的另一个突出原因。在它们复合之前经过的时间称为载流子寿命。如果载流子寿命为零，电子和空穴立即复合，没有电流。因此更长的载流子寿命增大了电池的电流和能量转换效率的浓度梯度。

因此，载流子电荷的空间分离是电池的至关重要的功能。这种分离可以通过形成二极管来实现电荷在空间上分离的梯度。用于光伏电池的最普遍的二极管是 pn 和 pin 结二极管（见图 1.7）。通过掺杂半导体形成 pn 结并结合杂质形成富电子 n 型层和富空穴 p 型层。两层通过 pn 结连接用电极封闭在相对的两侧。电子流出 n 型层通过外部电路进入 p 型层。通过具有本征层分离 p 型和 n 型层形成 pin 结。在本征层，半导体既不缺乏电子，也不缺乏空穴。高效的空间 p 型和 n 型层中的电荷分离允许有效的电荷流动，从而增加电池的电流。pn 结的类型是光伏电池化学特性所固有的[10]。

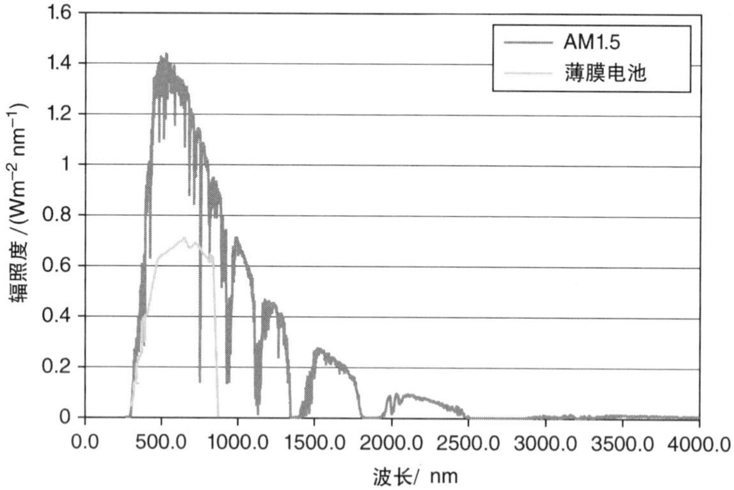

图 1.6　AM1.5 和薄膜电池的辐照度与波长吸收曲线

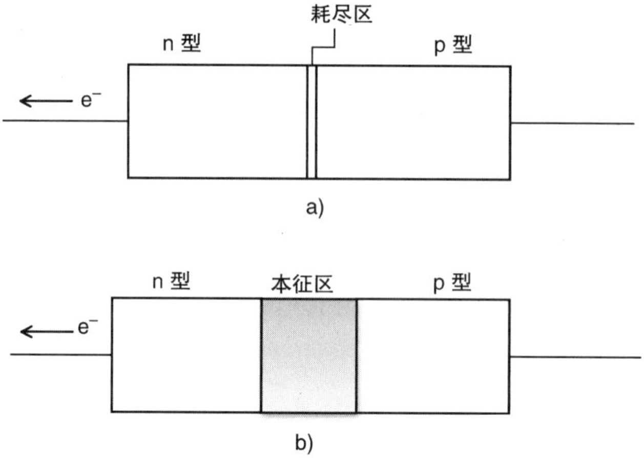

图 1.7　a）np 结和 b）nip 结

1.2　晶体硅光伏电池介绍

晶体硅（c－Si）光伏电池是由 Russell Ohl 在 1941 年发现的第一个展现光伏效应的半导体化学物质。当时，Ohl 在 AT&T 实验室，他发现掺杂杂质产生了 pn 结，这是得到光伏电池的关键性要求。他的第一个电池的效率低于 1%。虽然这个效率离商业可行性还很远，但 AT&T 的高管认为这是一个解决偏远地区电话岗亭能源供给的潜在方案，并持续资助了这个研究 10 年。

1954 年，AT&T 同事 Gerald Pearson、Calvin Fuller、Daryl Chapin 设法将电池效率提高到 6%。并通过将条带串联在一起形成第一个光伏组件。由于演示了电池提高的性能，随后 AT&T 将该技术转移到西电——其制造子公司。西电第一个开始销售商用光伏组件，当时被称作太阳能蓄电池。即使太阳电池转换效率在提高，但太阳电池相对于传统能源（如煤）较高的成本使得它对大多数地面能源需求没有竞争力。太阳电池在当时常见的有效应用是为美元兑换器和解码计算机打孔卡机器供电[11]。

到 1961 年，科学家们实现了大约 14% 的太阳电池转换效率，可以将太阳电池用在更高功率要求的领域。国际上对这种新技术的兴趣不断扩大，夏普公司（日本大阪）安装了第一个千瓦级的硅组件。然而，太空卫星是最大的应用，因为政府可以负担组件的高售价。到 1979 年底时组件价格已经下降到 51 美元/Wp。

在随后的几十年中，由于更好的硅制造控制和硅原料纯度的提高，转换效率不断提高。因此，晶体硅光伏电池的效率在 2011 年达到 10 年来的高点 25%。在同一时间期间，安装规模不断扩大，从几瓦到小型远程设备到兆瓦级大型商业建筑物[12]。

1.2.1　硅光伏电池的质量要求

电池效率的改善归因于可用于工业的较高纯度元素。生产晶体硅需要许多处理步骤[13]。具体的工艺步骤取决于工业对纯度的要求，并通过其预期用途指定所得的硅金属。冶金级硅用于其他金属合金，并需要较少的加工步骤达到最小纯度 98%。这种较低的纯度要求平均销售价格为 0.80 ~ 1.50 美元/kg。产生 99.9999999%，也被称为九个九（9N）的半导体级硅需要更多的处理步骤，纯度和需求导致其平均销售价格高于 35 ~ 55 美元/kg。太阳电池级硅是这两个极端的中间情况。它有 99.9999% 或六个九（6N）的纯度和中间价位。

对于光伏应用，金属是最有害的杂质。特别地，有具体规范来限制铁、铬和钛的浓度（见表 1.2）[14,15]。这些金属与载流子电荷反应，因此降低载流子的寿命。

表 1.2　冶金级（MG）、太阳能级（SG）和电子级（EG）硅的杂质和相应的浓度要求

杂质	冶金级硅/($\times 10^{-6}$)	太阳能级硅/($\times 10^{-6}$)	电子级硅/($\times 10^{-12}$)
硼（B）	15 ~ 50	<1	<0.3
磷（P）	10 ~ 50	<5	<1.5

（续）

杂质	冶金级硅/($\times 10^{-6}$)	太阳能级硅/($\times 10^{-6}$)	电子级硅/($\times 10^{-12}$)
氧（O）	3000	<10	<50
碳（C）	100～250	<10	<300
铁（Fe）	2000	<10	<0.3
铝（Al）	100～200	<2	<0.3
钙（Ca）	100～600	<2	<1.5
铬（Cr）	50	1	<0.3
钛（Ti）	200	1	<0.3

来源：Levy，R. A.，微电子材料和工艺。Boston：Kluwer，1989。

无论等级如何，硅电池制造都是从来自地壳的石英采矿开始，从石英中提取元素硅并掺杂硼产生半导体（见图1.8）。接下来的两个步骤，熔化和生长的细节取决于应用所需的硅类型。具体细节在下一节探讨。简单地说，制造多晶硅有较少的处理步骤、较低的成本，但所得的电池具有较低的能量转换效率。或者，单晶硅需要多步骤熔化和生长过程，具有更高的电池效率和更高的成本。不考虑硅类型，最后的步骤都是冷却熔体并切割，并平铺和切片铸造成通常认识的光伏电池。

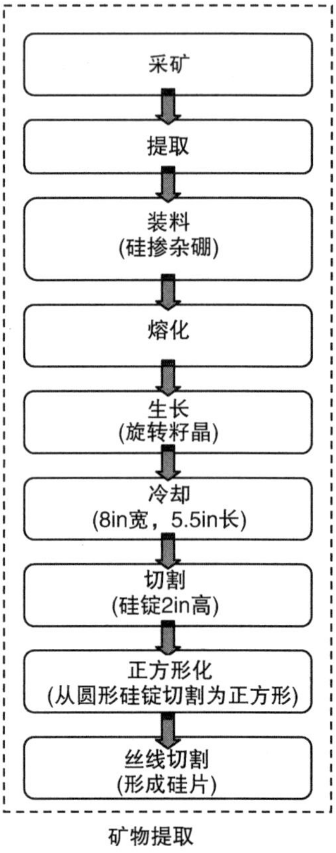

图1.8　硅锭生产工艺步骤

1. 多晶硅的制造工艺

因为元素硅本身在自然界中是不存在的，所以必须从天然存在的矿物中提取。石英是地壳中最丰富的矿物，由二氧化硅和各种硅酸盐组成。可以使用碳热还原法从硅酸盐中除去氧气形成硅。顾名思义，该过程需要高温，达数千摄氏度，并且需要纯净碳源。通常使用焦炭（Rxn. 1.1）。考虑到环保，这种方法的一个明显缺陷是反应温度高。在该工艺中使用高温炉是低能效的。该工艺通常使用13kWh/kg的用电量制造硅。

$$SiO_2 + 2C \longrightarrow Si + 2CO \qquad (Rxn.\ 1.1)$$

而冶金级硅通过碳热还原工艺可以直接合成，但制备半导体级硅需要额外的步骤。有一些合成过程可以产生纯硅。业界知道的每个过程都归功于发明该工艺的公司。西门子工艺需要在具有硅棒的沉积室热量在1100℃（1373.15K）下分解三氯硅烷，形成硅沉积层，并形成四氯硅烷和盐酸气态副产物（Rxn.1.2）。这是最广泛的使用过程。

$$2SiHCl_3 \longrightarrow SiCl_4 + Si + 2HCl \quad (Rxn.1.2)$$

另外一个不大为人知晓的联合碳化物工艺是在硅棒的存在下分解甲硅烷气体从而产生硅金属和氢气体（Rxn.1.3）。

$$SiH_4 \longrightarrow Si + 2H_2 \quad (Rxn.1.3)$$

最后，Ethyl公司的工艺是把硅棒替换为具有加热硅颗粒流化床。当硅烷气体热分解时，硅颗粒作为籽晶使硅金属生长（Rxn.1.3）。这些过程中的每一个都产生具有多个晶界的不受控制的生长硅金属，被称为多晶硅。

2. 单晶硅的制造工艺

一些光伏制造商将多晶硅锭切割成晶圆制造电池，然后将电池封装成组件。然而，由于存在杂质，多晶硅半导体具有相对较短的载流子寿命（1～30μs）。电池效率可以通过延长载流子寿命来增加。一种常见的方法要做到这一点，就是形成单晶，也称为单晶硅电池。

多晶硅锭可以被粉碎、熔化和再结晶形成单晶锭。由于可以实现高纯度水平，因此切克拉斯基（CZ）法和浮区（FZ）法是两种最常见的再结晶方法（见图1.9）。切克拉斯基法将硅晶种置于熔融状态的硅中。晶种的拉力和旋转方向影响晶锭的尺寸和纯度。或者，浮区法将熔融硅较慢地拖在固体硅锭上，导致杂质浓缩在一个区域。这些方法产生更高纯度的晶体硅。典型载流子寿命可达数千微秒。

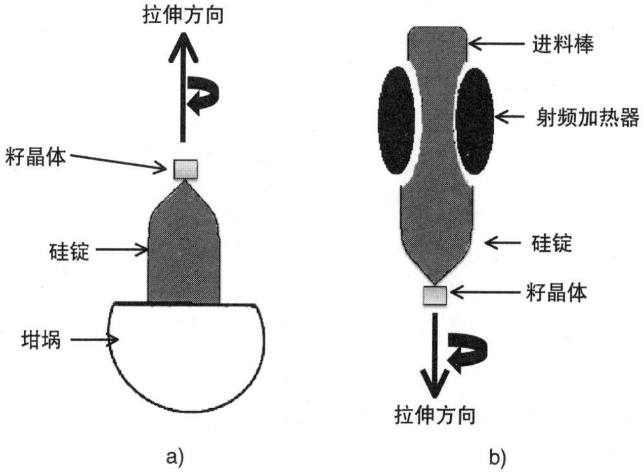

图1.9　a）切克拉斯基法和b）浮区法

在形成硅锭之后，仍然需要许多步骤以处理功能性电池。例如，将再结晶的硅锭平方化，分成晶片，切成硅片，然后进行化学处理。标准面积为 70 ~ 100cm^{2}的硅电池，是从具有 0.15 ~0.30m 直径的硅晶片切割出来的。切割通常用线锯执行，并且要求切割线和硅之间有厚泥浆流动以减少摩擦，并确保清洁的平面界面（见图 1.10）。这一步的加工产量较低（37%），主要是因为提取步骤中硅锭的杂质和材料切割损失。

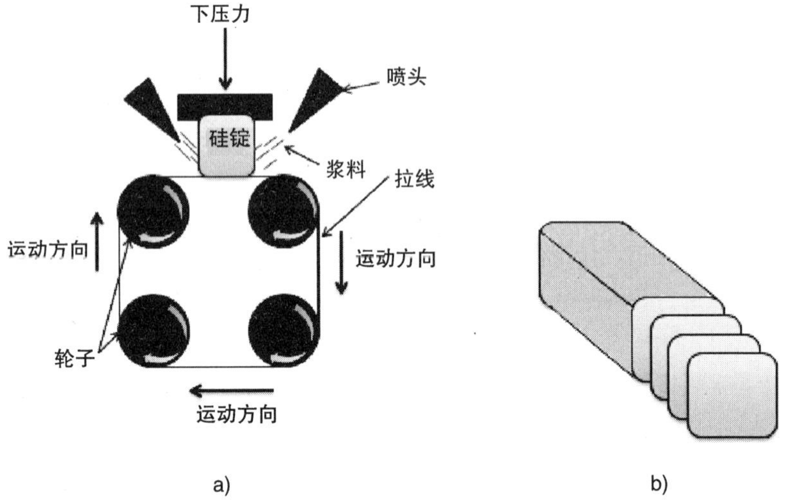

图 1.10 a）切割硅锭的切线工艺；b）部分切成方形硅锭的晶片

3. 硅光伏电池的制造工艺

完成矿石提取步骤后，硅晶片必须被加工成功能性光伏电池（见图 1.11）。硅仍处于本征状态，必须通过化学改变形成能够将光转换成电能的外部半导体。表面用氟化气体蚀刻以暴露原始硅并清除锯切期间留下的残留物。pn 结是用强腐蚀性化学品和高能量过程创造，需要由管式炉或传送带产生的高温加热。该过程被称为扩散，因为它迫使无机掺杂剂迁移到硅中。磷气体产生富电子 n 型层，而之前的硼掺杂产生富空穴的 p 型层（见图 1.12）。杂质浓度对于 p 或 n 层通常是 10^{14} ~ 10^{20}原子/cm^3。

着色是指将抗反射涂层放置在电池表面。这种涂层使硅电池具有紫色着色特征。使用抗反射涂层使光能量最大化透射到半导体层中。将抗反射涂层放置在电池的顶部以减少反射，增加入射阳光透过到电池的量。增强等离子体的氮化硅化学气相沉积（PECVD）是最常见的使用材料和工艺。扩散和着色是最耗能的加工步骤，占到从硅片到电池制造总能量的 50% ~70%。

栅线被印刷在抗反射膜的顶部以确保可以收集电池所产生的电子。金属网格

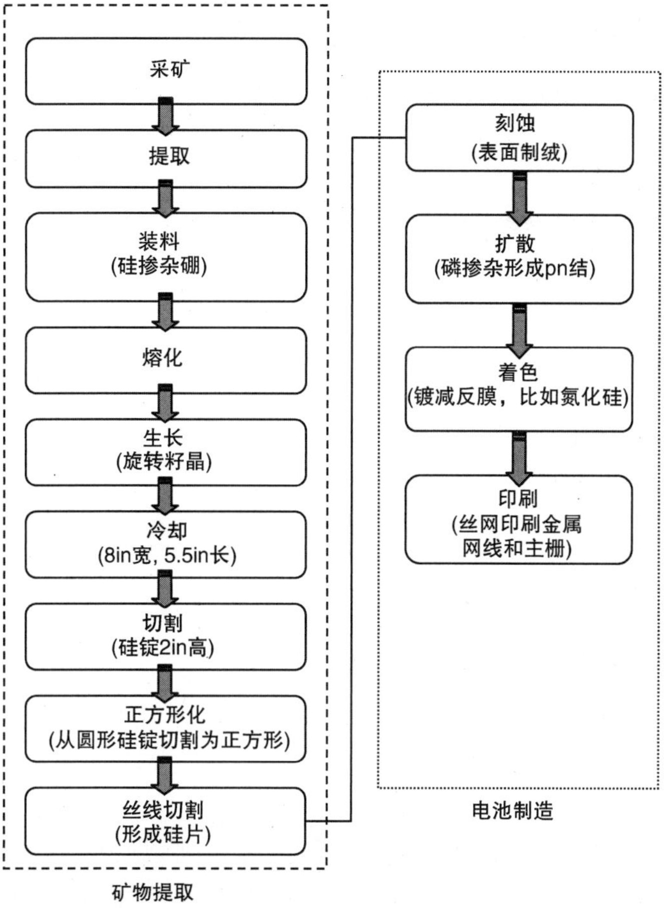

图1.11　矿物提取和电池制造加工步骤

化通常用于硅光伏电池制造。它形成了电子从电池到组件的金属接触。不透明金属网格的表面积必须最小化，以避免过大阴影遮挡太多的电池活性半导体吸收层。但是，如果网格太薄，电阻会增加，限制导电。常见的方法是在每条主栅线上打印大量薄细栅线（见图1.13）。这种方法通常会导致3%～5%阴影遮挡[17]。

化学气相沉积（CVD）和光刻是通常用于栅格金属化的两种处理技术。每个都有自己的技术挑战和环境问题。

在CVD处理期间，将掩模放置在光伏电池上金属接触没有沉积的位置。金属在真空室中蒸发，而蒸汽和底物之间的热梯度会导致金属凝结。一旦去除了面罩，网格图案就会保留在原位（见图1.14）。

这种方法的缺点之一是在处理过程中产生化学废物。在CVD过程中，所有

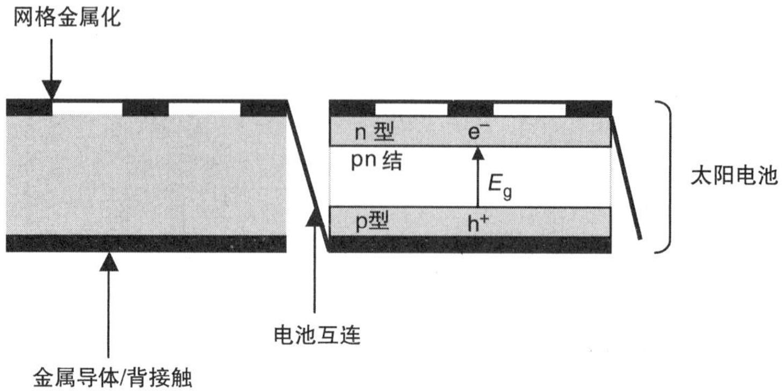

图 1.12　两个电连接的光伏电池的结构

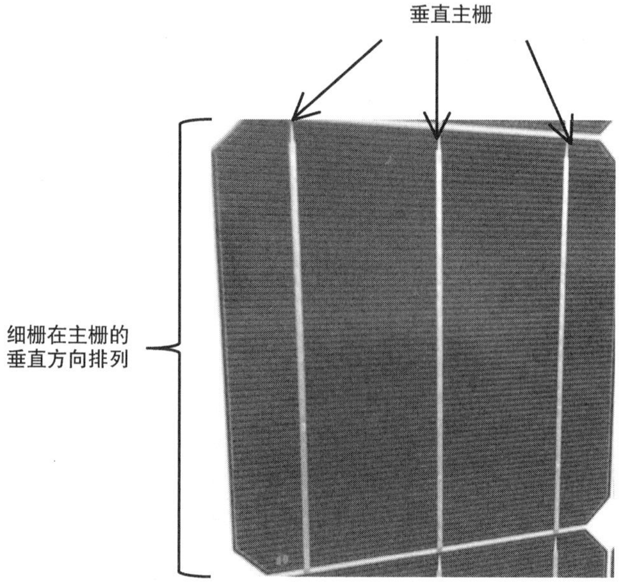

图 1.13　硅太阳电池的主栅和细栅图像

腔室表面、掩模以及光伏电池均被涂覆。平均而言，超过 90% 的沉积材料在不需要的表面上。所有这些必须被刮掉并按照适用规定妥善处理。

另一种方法是光刻法。这种方法产生较少的多余化学物质。牺牲层放置在顶部活性半导体层。再次，将掩模放置在不需要的区域上。强烈的紫外线照射全部曝光区域，破坏牺牲层中的化学键。改变了性质的化学物质被化学溶剂冲走，留下网格线（见图 1.15）。尽管它产生的废物少，但紫外线敏感化学物可能更贵。

另外，只有很少的化合物会对强烈的少剂量的紫外光反应。因此，尽管化学废物少，所需化学成分可能会导致工艺更昂贵。

当这些金属化处理不直接在顶部的半导体层进行时，它们必须在合成后被粘附到半导体上表面。金属接触可以用银浆粘附到半导体。该浆料包括高挥发性溶剂以改善扩散。溶剂在使用后挥发，温度升高导致银颗粒合并。接触的表面积被最小化以限制银的高成本[10]。实际上一些公司是对商业化喷墨印刷感兴趣，以进一步降低材料使用和成本[18]。

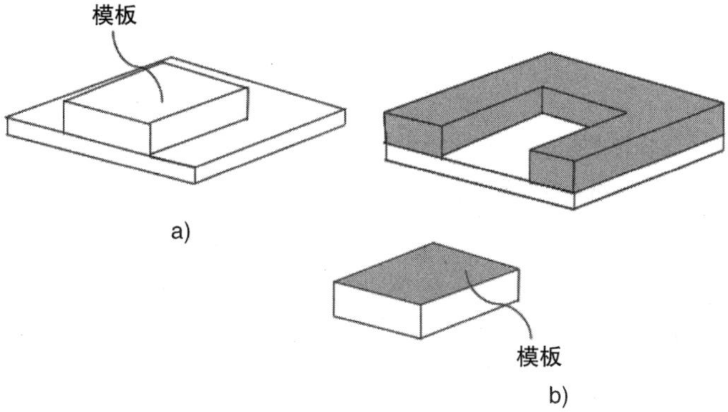

图 1.14　CVD 工艺的描述

a）加工前；b）加工后，注意栅格图案和附加材料沉积

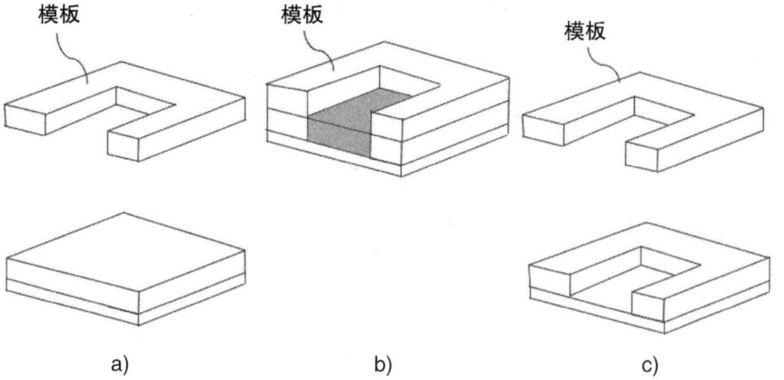

图 1.15　光刻工艺的描述

a）放置掩模在沉积层的顶部；b）该层被照射并用溶剂去除；

c）去除掩模时的网格图案

1.2.2 硅光伏电池制造的环境考虑

光伏电池制造因为光伏能源有望成为比传统碳基能源“更干净”的替代品，所以存在重大的工业压力以确保硅制造业对环境的有限影响。最重要的是无氯工艺，减少资源需求和回收利用，以减少处理浪费。

制造硅光伏电池的化学工艺会产生一些直接的化学伤害。氯硅烷用于单晶合成步骤和多晶硅制造。除了极其重要的易燃易爆的可能性[19,20]，它们在氧气和水的存在下高度反应，处理不当时，氯硅烷与水反应形成易燃氢气和腐蚀性盐酸，会造成生命财产的损失。2009 年，在摩西湖，华盛顿州的 REC Silicon（挪威桑德维卡）遭受了火灾，原因是氢气与固体物质发生了反应[21]。这个事件说明了制造业可能产生的危险与这些化学品的使用有关。

无氯过程是在光伏产业中一种环境、健康和安全的改进，无氯工艺最常见的是用纯化方法将冶金级硅转换为电子级硅。将冶金级硅中存在催化的铜，加热至 180～280℃（453.15～553.15K）并混合醇（例如甲醇或乙醇）产生三烷氧基硅烷和氢气（Rxn. 1.4）。三烷氧基硅烷的反应产生四烷氧基硅烷［$Si(OR)_4$］和甲硅烷（SiH_4）气体（Rxn. 1.5）。

$$3ROH + Si \longrightarrow HSi(OR)_3 + H_2 \qquad (Rxn.\ 1.4)$$

$$4HSi(OR)_3 \longrightarrow SiH_4 + 2Si(OR)_4 \qquad (Rxn.\ 1.5)$$

在两种不同的硅制造工艺中反应产物不同。四烷氧基硅烷与水反应生成二氧化硅和醇（Rxn. 1.6）。二氧化硅与木炭反应生成多晶硅金属和二氧化碳气体（Rxn. 1.7）。

$$2H_2O + Si(OR)_4 \longrightarrow SiO_2 + 4ROH \qquad (Rxn.\ 1.6)$$

$$SiO_2 + C \longrightarrow Si + CO_2 \qquad (Rxn.\ 1.7)$$

纯化的硅烷在 500～700℃（773.15～973.15K）流化床反应器中反应生成电子级硅和氢气（Rxn. 1.8）。

$$SiH_4 \longrightarrow Si_{(s)} + H_{2(g)} \qquad (Rxn.\ 1.8)$$

这些烷氧基硅烷工艺需要的热预算低于传统氯硅烷工艺。这种方法之所以得到了工业的快速应用是因为它不仅减少了对环境的影响，也可以通过减少能源消耗降低生产成本。

已知硅光伏电池的形成是一种能源密集型过程。温室气体的间接排放由硅制造商使用本地电网产生。如果硅组件制造造成的间接排放不能被使用硅组件所抵消，那么就产生了负面的环境影响。因此，大多数光伏制造商会监控其能源使用并优化过程以最小化能源需求。

加工多晶硅锭以形成单晶硅锭每千克硅需要 250kWh 的能量，这是其中最耗能的步骤之一[16,23]（见图 1.16）。这个高能量消耗是熔融金属籽晶时加热大块硅的结果。减少这些能量需求，可采用多晶硅方法制造单晶硅。建议的过程是使用坩埚底部的多个晶种[24]。单晶硅晶体周围形成硅，而多晶硅在坩埚的壁上形成。成品锭有一个多晶硅壳（30%）和单晶核心（70%）。

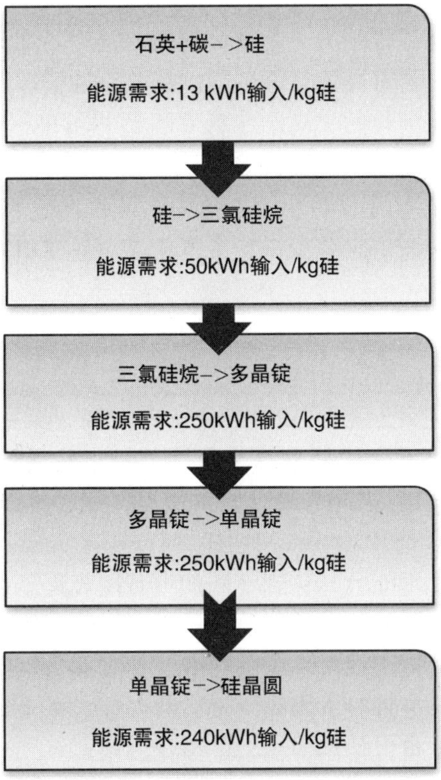

图 1.16　在单晶硅片制造中各种加工步骤的能量需求
（来源：K. Reinhardt 和 Richard Reidy，《半导体制造清洁手册：基础与应用》。Hoboken，NJ：Wiley－Scrivener，2011）

新技术可进一步降低电池制造的能源需求。目前常规炉加工（CFP）是用于大批量晶片处理的最常用技术。通过移动炉子的皮带，在硅片通过腔室时用红外线辐射加热多个晶片。高热量堆叠晶片的质量增加了保持稳定的温度所需的能量。6h 是一个典型的处理时间，这进一步增加了日常能源需求。作为替代，快速热处理（RTP）可以少于 15min，因为在每次通过期间只有一个电池被加热。RTP 是通常使用的热处理技术，用于掺杂剂活化和接触金属化。其特点是到达最高温度约 1200℃或更高（1473.15K 或更高），停留几秒钟，然后缓慢冷却几分钟，可以避免热冲击。对于传统的 RTP 技术，热量采用钨卤灯定位，从而产生 3000℃（3273.15K）的较高工作温度。或者，一些过程使用真空 UV（VUV，

150～200nm）辐射作为加热源。对于 RTP 的两种形式，只处理单一硅片，这将其应用限制在小规模生产。然而，环境评估表明 RTP 减少能源消耗，从而间接减少温室气体排放。替代的效果是有限的，因为它不是硅加工中最耗能的步骤[25]。

高纯水是在硅制造过程中另一个重要的资源消耗。在硅蚀刻工艺中使用到的高纯水最多。硅片通过含有高浓度腐蚀酸的湿法刻蚀槽，在金属化之前暴露原始硅。蚀刻酸必须用高度纯化的去离子水稀释至适当浓度[26]。这是必需的，因为大多数网格尺寸小于 2μm，需要使用水去除可能导致电气短路的小分子颗粒物。另外，所有的蚀刻中使用的酸必须从电池中去除以防止在实地操作中电池会衰减。大多数的光伏制造商规定酸少于 5 个颗粒/L，总有机物小于 2μg/L，金属小于 0.01μg/L[27]。

行业严格的水质规定增加了光伏制造的运行成本。因此，一些公司强调水的回收、再利用和还原。

水的回收过程通常至少要有 4 个连续步骤。第一步是去除固体和过滤有机物。下一步是需要用离子交换柱去除来自水的带电物质。最后，中和步骤，使 pH 值恢复到中性。符合规定的水通过循环回路，用去离子水稀释后再用于指定制造工艺。

根据回收质量，水可能会转移到不同的再利用流程。例如，含有高浓度盐的水可用于制造通风口酸性气体洗涤器的冷却塔。酸性气体洗涤器通常是根据水流量要求进行评级。高流量增加洗涤器的功效，使其成为再利用的理想场所。

通过适当的技术来处理没有净化的水，并保证适合水等级用于加工要求。例如，在切锭和抛光工艺可以使用低档、未纯化的水。

1.2.3 硅和采煤之间危害的比较

尽管硅是惰性的，但细微的硅颗粒是爆炸危险物。破碎过程中的摩擦火花是引起工厂爆炸的最常见情况。虽然这是需要关注的地方，但其风险相比煤尘的爆炸潜力还是小。硅粉尘（0.11L/m^3）比煤（0.057L/m^3）有更高的浓度才会有同样的爆炸危险[28]。因此，这种风险并不是这种能源生产形式所独有的。其实在 1968 年 11 月 20 日西弗吉尼亚州 Farmington 发生的矿山灾难使公众间接认识到煤颗粒对人体健康的有害影响。事件中有 78 名矿工死亡。虽然没有一个统一的原因，但幸存者不久以后就加入了西弗吉尼亚州黑肺协会，并对工人游说为增加教育权和减少职业危害。

而西弗吉尼亚州的黑肺协会则是第一个有协调地努力使这些问题受到公众的关注的协会，关于这些危害的医学研究已经有几个世纪了。煤炭是嵌入石英和页岩岩层中的，采煤期间会产生煤和二氧化硅粉尘。尽管二氧化硅粉尘对矿工的影响自从古希腊和罗马时代以来一直被记录，但对它的效果不甚了解。矿工对肺部炎症的投诉中，纤维化和坏死被认为是二氧化硅粉尘造成的影响，称为矽肺。然而，在1831年当黑色残留物从一个矿工的肺组织被去除时，在煤矿的医疗索赔中就有医学证据说明是煤矿粉尘在起作用。

在工人安全法规发布的一个世纪之前美国赶上了这一医学发现。首先是亚拉巴马州在1952年承认煤矿病；那时候，国家政府开始向煤矿工人提供薪酬和赔偿。宾夕法尼亚州和弗吉尼亚州也跟着在1965年和1968年扩大国家资助的肺尘病补偿。西弗吉尼亚州黑肺协会在1969年领导全国罢工和游行强制使联邦政府承认黑肺疾病，并形成联邦煤矿卫生和安全法（CMA）。CMA通过为联邦政府对矿山条件的管辖权提供安全标准。定期检查时间表被用来发现无意违规，并处以罚款，以故意疏忽进行刑事起诉。最后，对可以证明是由于煤炭颗粒而导致患肺尘埃沉着病的患者和永久性残疾的矿工提供赔偿。

1.3　薄膜光伏电池介绍

不同薄膜化学成分有着相应的转换效率，见表1.3[9]。在过去几十年的大部分时间里，由于流行技术的变化，电池转换效率一直保持平稳。2006年最受欢迎的技术是非晶硅（a－Si，4.7%），其次是带状硅（r－Si，2.9%）、碲化镉（CdTe，1.6%），然后是铜铟硒化合物（CIS，0.2%）。2007年的硅库存短缺和硅片成本上涨使得薄膜技术重新受到关注。到2010年，三种最常见的技术形式是CdTe、非晶硅和铜铟镓硒化合物（CIGS）。

表1.3　常见的薄膜电池化学成分和报道的最高转换效率

半导体化学	报道的最高转换效率（%）
非晶硅	12.5
CIS	19.5
CIGS	20.3
CdTe	16.7

来源：可再生能源研究国际科学小组和可再生能源开发，“关于光伏和风能的全球报告”，2009年12月。

电池制造是薄膜制造商第一个需要做的工艺步骤（见图1.17）。接触、缓冲层和半导体膜，也称为吸收层，均采用CVD法沉积在绝缘衬底（通常是玻璃）上。抗反射涂层被放置在完成的叠层上以辅助穿透的光线进入吸收层。最后，用激光穿透薄膜层得到光伏电池[29]。

薄膜指采用少量的半导体材料制造光伏电池（见图1.18）。初始层是导电窗层，其次是被另一个导电接触夹在中间的缓冲层和吸收层。对电池重量贡献最大的通常是衬底。前电极和背电极是最薄的层（1.0～0.5μm）。吸收体（约2.0μm）是最厚的沉积层。

相比之下，薄膜在转换效率上不如晶体硅；因此，没有制造商愿意因为金属接触阴影导致额外的效率下降。薄膜制造商通常使用透明的导电氧化物（TCO）作为其顶部接触，也称为窗口层。TCO将允许光线到达整个下面的半导体层。当玻璃用作上层时，制造商通常会将TCO沉积在玻璃的内表面，接着是吸收层和背接触。

背接触由高导电性不透明材料制成，如钼沸石。背接触没有光学设计限制，因为这些基板不会影响光线渗透到电池的活性表面区域。

沉积后，使用激光划线将层分成单个电池（见图1.19）。激光划线优于机械蚀刻。激光划线允许较窄的线，通常为23～25μm的量级，有平行的边壁。工业目标旨在提高激光器的稳定性以进一步细化划线以增加电池的吸光面积。

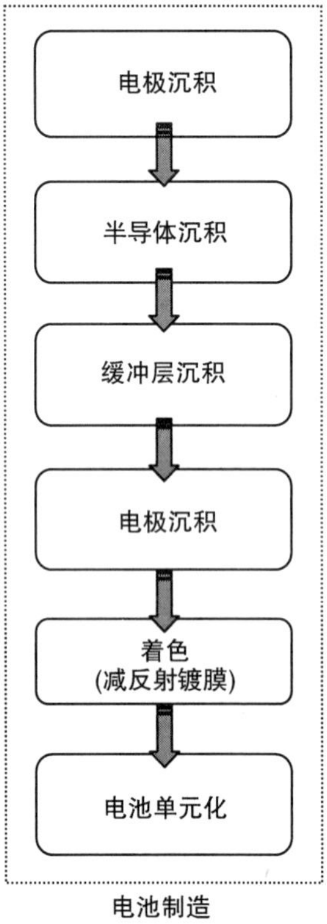

图1.17 薄膜电池制造工艺步骤

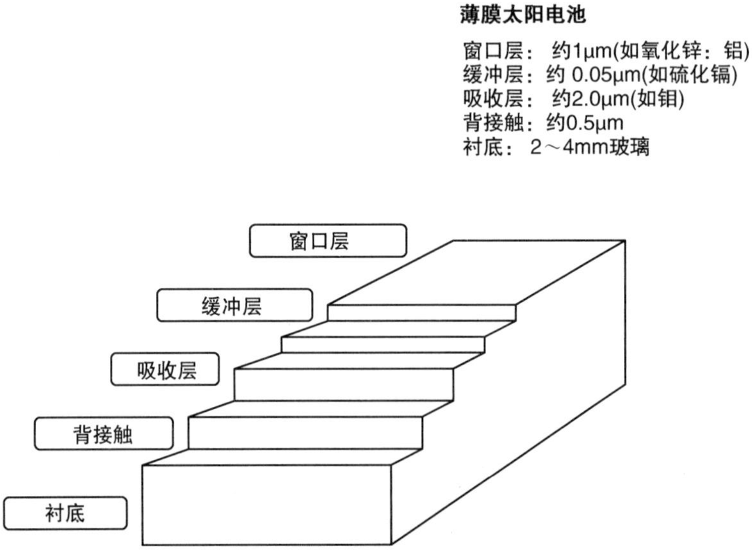

图1.18 薄膜电池的典型叠层结构

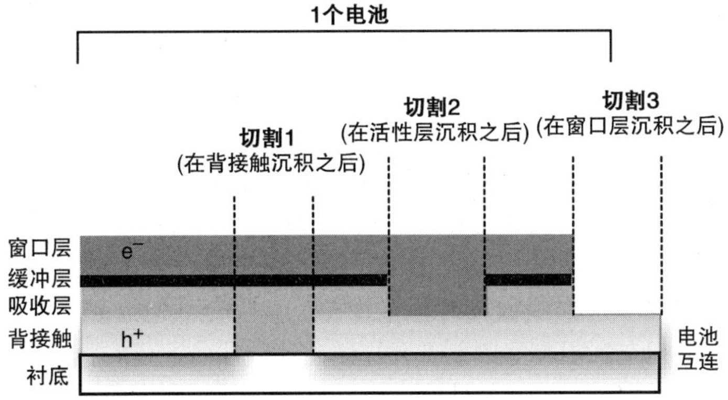

图 1.19　需要切割线将薄膜层分割为单个电池

1.3.1　非晶硅电池的制造工艺

非晶硅化学比传统的晶体硅有所进步，包括较低的加工温度［75℃（348.15K）］和薄层硅（是晶体硅电池的 1/100 ~ 1/50）。因为非晶硅没有晶体结构，所以需要更低的温度。而玻璃是最常见的沉积基板，沉积温度较低允许考虑其他衬底。例如，使用聚合物基材用于电池沉积可以大幅降低成本。然而，塑料是未经证实的衬底，而且它们的使用如何影响 25 ~ 30 年的终身消费者对其组件的期望仍然不确定。出于这样的原因，聚合物、柔性电池很少用于长期保修、大功率应用。此外，非晶硅的较低电池效率也受到限制广泛采用这种技术。

尽管有这些差异，一般的处理步骤和要求与先前薄膜电池概述的那些一致。非晶硅电池的制备开始于用酸洗清洁衬底玻璃。然后沉积一层铝在玻璃上形成底部电极。单个单元格由激光划线接触层得到。沉积非晶硅的活性半导体层来自于使用 PECVD 的甲硅烷（SiH_4）。半导体的非本征相是通过掺杂硅来形成异质结而产生的。n 型半导体层通过磷化氢反应（PH_3）形成，从而在硅中引起磷的掺杂。p 型半导体层是通过乙硼烷（B_2H_6）来形成的，因此用硼掺杂硅。半导体材料通过终止在沉积期间产生的自由基来稳定与氢化。这被称为氢化非晶硅（a - Si：H），通常含有 5 ~ 20 原子% 的氢。非晶硅沉积之后是第二划线工艺，之后沉积透明氧化铟锡的最终电极层。最后采用激光刻化得到电池[30]。

1.3.2　碲化镉电池的制造工艺

多年来，First Solar（亚利桑那州坦佩）一直是最大的薄膜光伏组件生产商。First Solar 于 1999 年在美国注册成立，2002 年开始出货。7 年后，2009 年的年产量达到 1GW，由于其巨大的增长潜力受到业界关注。在 2011 年之前 First Solar

一直被评为最大的光伏制造商，后来被中国组件制造商取代。First Solar 巨大的增长已经开启了人们对碲化镉（CdTe）技术的广泛兴趣。CdTe 是一个 nip 结，其中 CdTe 层是本征区，而硫化镉（CdS）层是 n 型层，铜掺杂的碲化锌（ZnTe：Cu）是 p 型层[31]。

已经有多种处理方法可以合成上述层[32,33]。CdS 层最常见的是用镉的化学浴沉积（CBD）形成硫酸盐和硫脲[34,35]。它的一个显著的缺点是有大量的从该溶液产生的化学废物。但是，还没有可以产生类似电学性能的替代工艺。CdTe 层最常见的沉积技术是物理气相沉积（PVD）和喷雾热解。这两个过程都会导致不可用材料沉积在沉积腔室侧壁上，这因此增加了生产成本。

为了尽量减少加工浪费，一些研究已经试验了使用封闭空间升华（CSS）和电沉积（ED）方法，这两种方法都允许有针对性地沉积所需的材料到衬底[36,37]（见图 1.20）。CSS 需要真空（约 0.0132 atm）和高温。CSS 通常通过一般沉积形成 8μm 的膜厚度，速率为 1～5μm/min。相比之下，ED 需要 80℃（353.15K）、1atm 下的镉离子（Cd^{2+}）和氢碲酸根离子（$HTeO_3^-$）溶液。电沉积以 0.01～0.1μm/min 的较慢速度产生 2μm 厚层。尽管它们有定向沉积的优点，这些技术相关的化学和热耗仍然很大。最后，优质的铜掺杂的碲化锌薄膜用 CVD 法生长[38-40]。CVD 是材料使用效率低下的方法，但由于其在半导体制造中的历史使用，目前仍然是行业应用的主力。与以前的结构类似，半导体层是通过接触方式固定在每边。透明导电氧化物，如氧化铟锡或镉锡氧化物用作窗口，而背接触通常是铜金属。激光刻化用于切割各个层，并将薄膜分成单个电池。

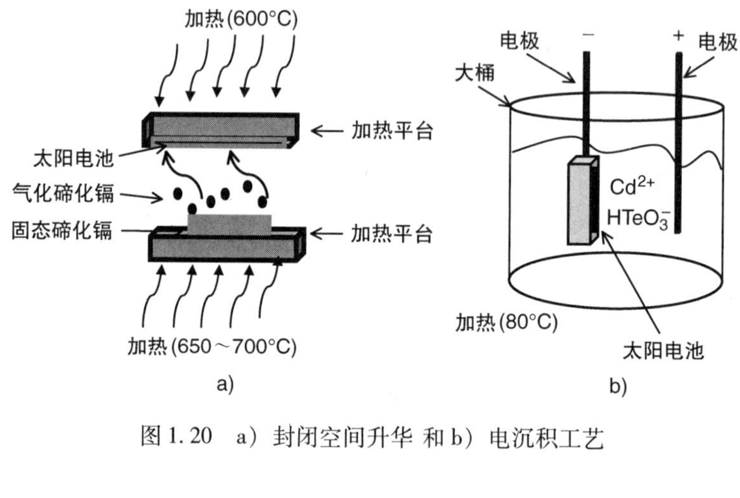

图 1.20　a）封闭空间升华 和 b）电沉积工艺

1.3.3　薄膜制造的环境考虑

薄膜生产的环境影响大大依赖于电池的化学性质[41]。因为 First Solar 是最大的薄膜生产商，所以其技术受到最多的审查和研究。具体来说，从 CdTe 组件中释放镉的风险近年来受到公众的广泛关注[42]。这也是大多数薄膜组件的相关课题，因为镉也是用于 CdS 缓冲层中的多种技术。

天然和人造释放的镉没有得到广泛的关注。矿业、金属加工、燃烧化石燃料、磷肥合成、金属制品的处理都有可能释放大气镉[43]。镉最大的空气排放来自有色金属生产（2171t），其次是化石燃料燃烧（691t），然后是铁和钢铁生产（64t）[44]。镉矿最大的开采用途和最大的终端应用是镍镉电池（每年 9100t 镉），其次是塑料颜料（每年 3300t 镉）和油漆稳定剂（每年 1650t 镉）。

由于镉的要求及相关的排放风险，薄膜制造商不会接近这些传统的来源。例如，1GW 的 CdTe 光伏组件中使用的镉量（70t）约为用于油漆稳定剂的 1/25。此外，CdTe 光伏组件中使用的镉量比 AAA 电池中使用的数量级低（1.3 对 3265mg / kWh）[45]。最后，光伏客户不会直接接触镉，因为它被包裹在塑料的密封剂和层压玻璃中。

在灾难性事件中，光伏组件外包可能会受到损害。意外火灾可能受到最多的关注。因为 CdTe［1041℃（1314 K）］的熔融温度高于典型火灾温度［800～1000℃（1073.15～1273.15K）］，所以大多数人都认为镉不会挥发。即使这个论断被发现是不正确的，从 1MW 组件安装容量（0.07t）[45]释放的镉也不会超过传统来源的年度排放量。

1.4 聚光光伏中的多结电池

之前讨论的传统技术是由单一结组成的单个电池。与任何技术一样，一些理论物理学家试图确定单结的上限技术。最受到认可的理论被称为 Shockley－Queisser 极限，由 William Shockley 和 Hans Queisser 于 1961 年首次提出。它指出单结光伏电池的上限效率为 33%。主要损失来源于包括能量低于半导体禁带宽度的光子造成的热消耗（18%）、能量高于禁带宽度的光子造成的透明损失（47%）以及半导体吸收层中的电子和空穴复合（2%）[46]（见图 1.21）。

损失的最大部分来自透过损失；因此，可以通过对 AM1.5 大部分光谱进行改进。比如，非晶硅具有带间禁带宽度为 1.7eV，意味着在可见光谱中低于红色的所有波长是可用的，但没有高于红色的波长被转换成电力。这些损失可以通过具有重叠禁带宽度的化学物质多结组合来减少，称为多结电池（见图 1.22）。具有最高能带隙的半导体放置在最靠近受光面的地方。较长的波长通过下层半导体。以这种方式，多个化学物质在相同的电池内可以收获更大部分的光谱。

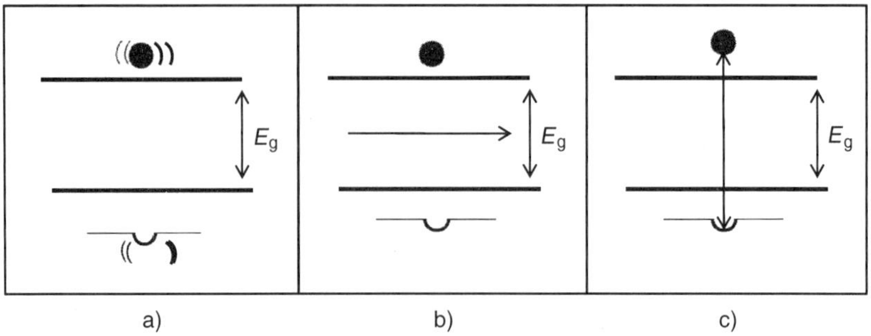

图 1.21　三大损失事件：a）引起晶格振动的热事件；b）通过带隙而不产生影响的透明损失；c）电子和空穴的复合

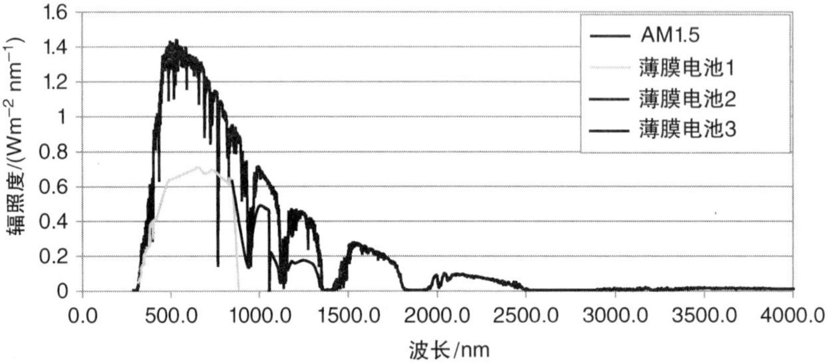

图 1.22　与 AM1.5 太阳光谱辐照度曲线重叠的多结电池的吸收光谱

组合半导体晶格结构的连续性材料限制了可以组合形成多结电池的化学类型。磷化铟镓（InGaP）与砷化镓（GaAs）的组合是常见的双结，而磷化铟镓（InGaP）、砷化铟镓（InGaAs）和锗（Ge）的组合是常见的三结。

多功能电池由于其效率的提高在商业上份额有所扩大。美国的第一个双结电池专利在 1987 年授予了美国国家可再生能源实验室（NREL）。不久之后，NREL 报道最高效率为 29.5%。2005 年，King 和同事[47]在三结电池上得到 39% 的转换效率。这几乎是晶体硅典型性能的 2 倍和典型薄膜电池的 2～3 倍。但是，复杂的化学和加工要求阻碍了这项技术成为工业界的主导。

1.5　组件制造

组件，有时被称为太阳能板，是大众在谈及光伏时最常见的产品。组件制造的第一个过程是把电池串焊在一起使所产生的能量被串联叠加。然后电池封装在聚合物层压板中，装框并检查装运货物之前的表面缺陷。该过程的微小变化取决于组件的类型和目的。晶硅和薄膜组件的制造过程大致上是相同的（见图 1.23 和图 1.24）。

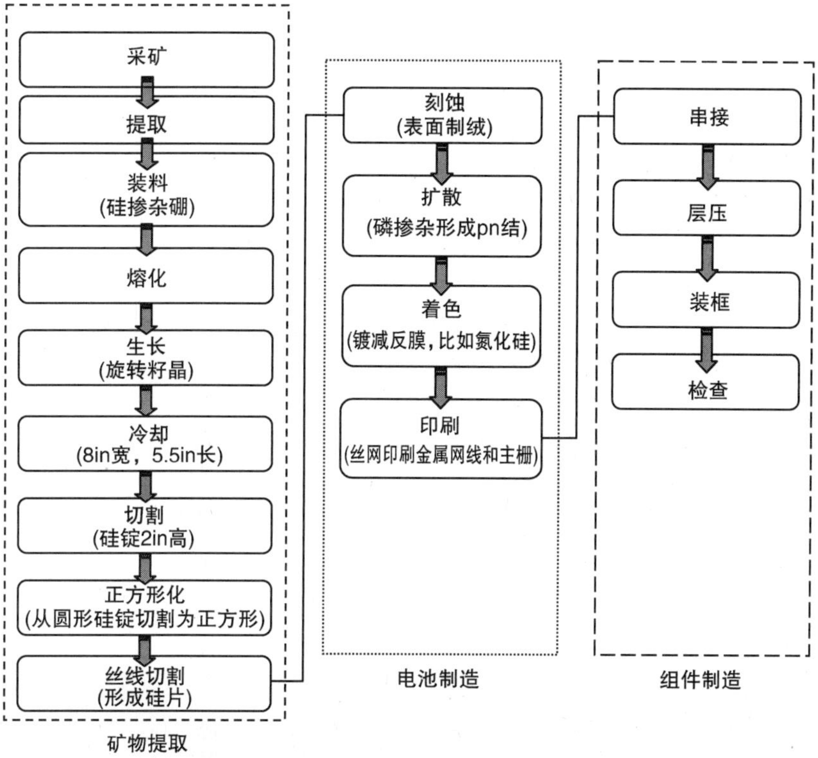

图 1.23 晶体硅组件的完整工艺过程，包括矿物提取、电池制造和组件制造

1.5.1 平板组件制造

硅和薄膜技术通常以有框架或无框架的平板组件销售。框架组件由层压板和包围其周边的金属框架组成。无框组件只有层压材料与封闭周边的密封剂（见图 1.25）。

层压板封装光伏电池以保护它们免受环境影响。堆叠结构包括上衬底、聚合物密封剂、电池和背板。上基底通常是玻璃，是堆叠结构中最重的。在这种结构中，不使用粘合剂。密封剂用于玻璃和背板的粘合层。乙烯醋酸乙烯酯（EVA）是典型的聚合物密封剂。背板可以由玻璃或聚合物片如聚氟乙烯构成（PVF）。层压是形成这种堆叠结构最常见的加工方法，因此，得到的结构通常称为层压板（见图 1.26）。

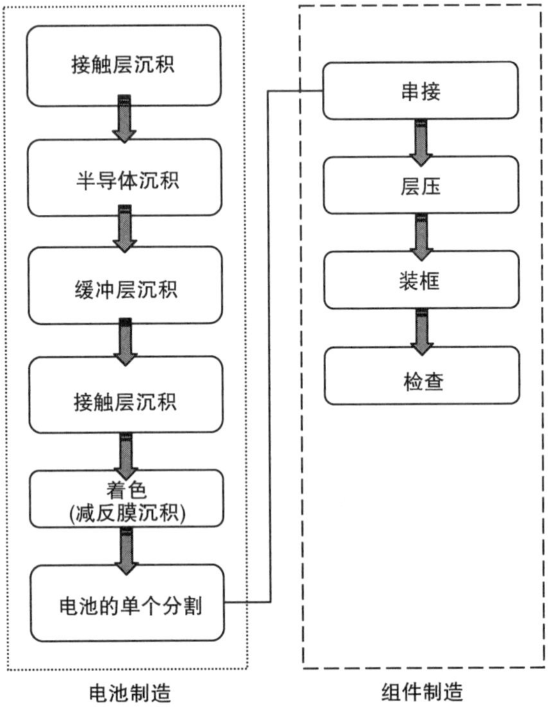

图 1.24　薄膜组件生产的完整工艺过程，包括电池制造和组件制造

a)　　　b)

图 1.25　a）无框组件和 b）框架组件的侧面图像，铝框从最靠近的一侧移除

层压板的三种类型是通过光伏电池和其他元件之间的摆放来区分的。上层连接层压把电池和上层玻璃用透明聚合物粘合剂相连。反过来，基底粘合层压使用粘合剂将电池粘到基底玻璃上。这种结构的优点不需要透明粘合剂，因为粘合剂在下面半导体层的活性物质中。这些制造方法由于其复杂性已经不再使用了。制造商一直在寻找减少生产费用的方法。减少制造材料是一个降低成本的方法。因

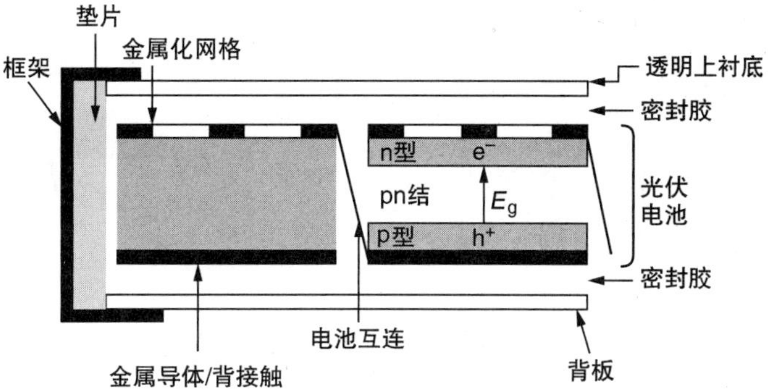

a)

b)

图 1.26　a）标记有可见元件的封装光伏电池的示意图；
b）标记可见元件的平面晶体硅组件的照片

此，层压的受欢迎程度加大，这是因为它们不需要粘合剂。大多数层压结构将电池悬浮在制造材料的中心，密封剂作为覆盖层和基材的连接层（见图 1.27）。

无框架组件需要层压后结构的完整性、机械性和刚性。得到这种结构的一个选择是用刚性材料玻璃制作上下基底。这些组件被称为双玻璃无框组件。另一个选择是来自周围的刚性安装结构，一个常见的例子是光伏建筑一体化（BIPV）结构，涉及将光伏电池嵌入屋顶膜和屋顶瓦。屋顶结构提供所需的机械强度并保护组件免受环境影响。组件的形状取决于建筑结构。

美国的大多数商业建筑都是平坦的，是用聚合物屋顶膜密封的轴承屋顶。用于平屋顶安装的 BIPV 结构通常是将光伏电池嵌入屋顶膜内，如 Uni – Solar 公司的 PowerBond 产品线。嵌入式光伏电池是现场能量产生的一种方法，避免了从电网购买电力（见图 1.28）。其中一些财务上的节省与屋顶的重新铺设相互抵消[48]。此外，光伏电池中的故障或屋顶膜的撕裂需要更换整个膜。广泛采用这

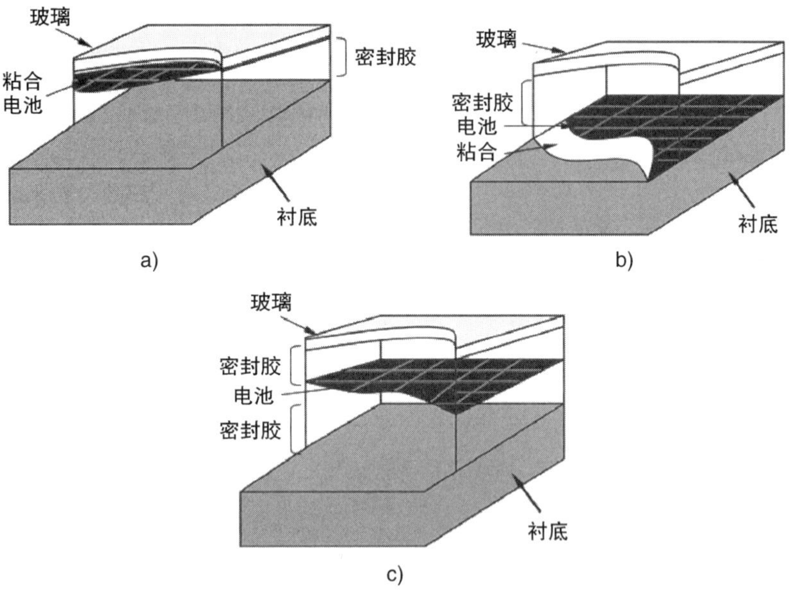

图 1.27　a）上层粘合)；b）基底粘合；c）层压结构组件

种形式的 BIPV 使这些风险得以降低。

图 1.28　光伏电池被封装在屋顶膜内

对于倾斜的屋顶，BIPV 包括更换传统瓷砖和在塑料瓦片中嵌入光伏电池。在这个情况下，可以单独移除或更换有缺陷的瓷砖，因为它们是单独放置并机械互锁的。如前所述，初始材料成本比传统屋面高，但在家庭使用数十年后可以抵消，从而获得长期的经济效益。Uni - Solar 公司的 PowerShingle、3S Photovoltaic

公司的 MegaSlate 和 SunPower 公司的 T5 太阳能屋顶瓦都是商业上用于倾斜屋顶的太阳能瓦的例子。

1.5.2 聚光光伏组件制造

聚光光伏（CPV）组件是一种特殊技术，利用组件的外形集中太阳光到光伏电池上。聚光器的机械和光学设计是 CPV 制造商的核心技术和专有知识。与包含数百个光伏电池的平板组件不同，一个 CPV 组件只有数十个光伏电池。因此，CPV 制造商通常从供应商那里购买光伏电池，而平板组件制造商则是自己提供电池。

典型的 CPV 设计包括一系列镜面或透镜，将光聚焦在封装的光伏电池上（见图 1.29）。镜面聚光光伏组件由主透镜和二次透镜组成。阳光从主透镜反射到了二次透镜。二次透镜将光线向下聚焦到棱镜和光伏电池上。聚光器通常的放大倍率为 1000 × Suns（$1\text{Suns} = 1000\text{W/m}^2$）。一些聚光器使用透镜而不是镜面，以增加入射光的强度。菲涅尔镜片在商业上获得了最大的成功。通常组合放置在跟踪器上的每个组件有 10 ~ 20 个透镜。透镜放置在电池组件上方的金属或塑料外壳中。光进入菲涅尔透镜，聚光，然后将其通过棱镜集中到下面的电池上[49]。两种设计的最大的工程挑战都是保持较低的工作温度并最大化光的强度。

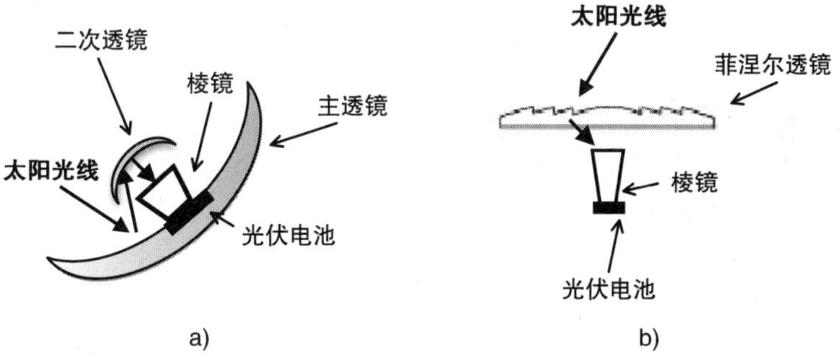

图 1.29 a）镜像和 b）菲涅尔透镜光伏集中器中的主要组件

1.6 系统平衡介绍

系统平衡（BOS）是指将光伏组件连接到建筑物所需的所有附加部件。机械 BOS 和电气 BOS 是主要的两类。机械 BOS 用于将组件保持在光伏电池上入射光最强的位置（见图 1.30）。电气 BOS 需要将电力从组件传输到家里或办公室等需要的地方。这些材料的成本通常占总安装成本的 40% ~ 50%，确切的百分比取决于安装地点和光伏电池技术。

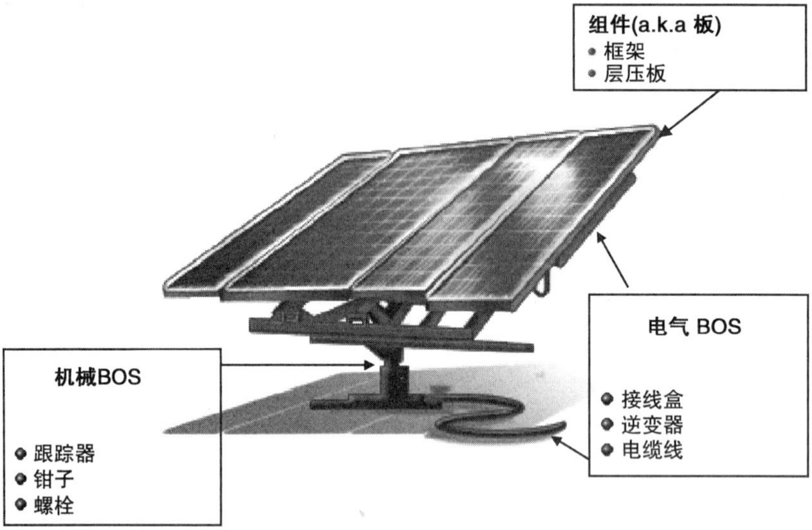

图 1.30　4 块贴装组件，机械和电气 BOS 元件

机械元件的材料要符合功能性能和建筑规范，能够将组件固定在地面或建筑物的屋顶上[50]。目前，光伏安装必须符合国际建筑代码（IBC）中对于风荷载、地震等级和地点的限制。风荷载是指在将表面抬起到不可接受之前可以忍受的高度的最大风速。类似地，地震等级是指在允许给定加速度下的最大失真和偏移。最后，地点限制是指屋顶壁架的最低建筑高度要求、允许安装的最大屋顶坡度。虽然精确的要求取决于安装位置，但建筑规范要求增加材料的倾向要超出功能性能要求。比如，一些规范要求组件足够重以保持地震测试期间静止稳定，组件也需要固定到建筑物结构上。

附件和压载是用于屋顶安装 BOS 的两种主要的机械形式。机械附件要求组件通过钢结构连接到建筑物的框架。这些附件需要穿透屋顶，因此会降低屋顶的使用寿命。除了增加屋顶的修理可能性，光伏阵列增加屋顶上的障碍物数量，增加维修人力成本（见图 1.31）。压载设计可以消除这些成本。货架系统的重量将光伏阵列固定在原位。因此，诸如混凝土块这样的重材料被放置在脚部以锚定光伏阵列。最大值加载必须慎重考虑以确保重量不会在太大程度上影响屋顶完整性。压载设计不能用于高风荷载或存在地震危害的地方。一些安装会同时运用两种安装技术通过降低屋顶穿透次数来减少风险并且将混凝土块的位置与建筑物的框架结构同步。

电气 BOS 是将电力从光伏组件输送到所需负载所需的所有元件。电气元件包括电线、接线盒、逆变器、开关和蓄电池。光伏组件根据业主的要求进行串联或并联。电线包在组件背面的接线盒中。光伏组件之间由塑料电缆托盘中的电缆进行连接。一旦所有的电力都接通，就将它流向逆变器。光伏组件产生的电流为直流电，而在家庭、办公室和制造设施中使用的是交流电。逆变器会将产生的直流电转换为所需的交流电。

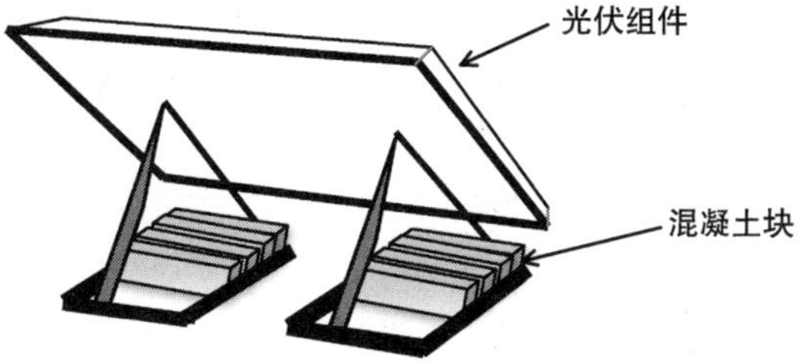

a)

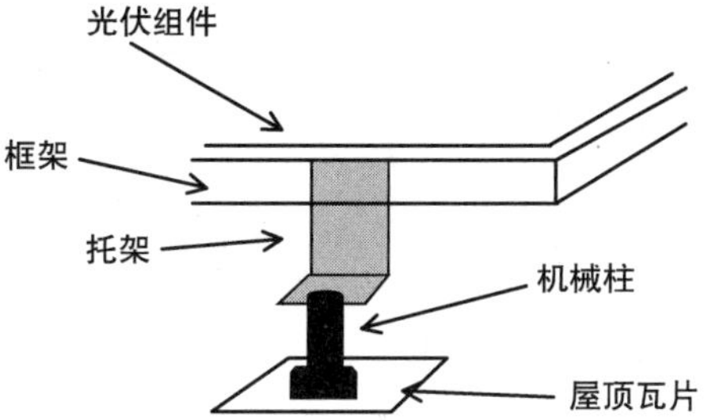

b)

图 1.31　a）由机械附件引起的屋顶穿透和 b）用混凝土块压载的组件的后视图

1.6.1　屋顶安装系统

光伏组件的方向可能会造成 25% ~30% 的能量偏差。最重要的是考虑如何定向光伏组件以最大限度地获得全天入射的阳光。相关参数是太阳、光伏组件和地平线之间形成的入射角（AOI）（见图 1.32）。标准安装是位于南部方向与地平线有 20°~65°的倾斜角，光伏组件表面的阳光入射角大于 60°时全天入射阳光会明显减小。较小的角度可以最大化增强光强度，以减少在屋顶安装光伏组件的数量。因此，角度和光伏组件密度基于所需的能量来进行优化。

倾斜的屋顶，如住宅的屋顶，为光伏组件安装带来了独特的挑战。这些类型的光伏组件安装通过组件之间形成的角度而确定。嵌入式安装位于屋顶上（见图 1.33），这种安装技术非常适用于屋顶较陡的面南房屋。光伏组件与屋顶之间的对流可以增加组件的工作温度来降低预期能量输出。倾斜式安装用于较低间距的屋顶。光伏组件边缘从屋顶向上倾斜，改善了空气流通但限制了没有遮挡情况下可安装组件的数量。最后，鳍式安装是最不美观的选择，因为它明显改变了建

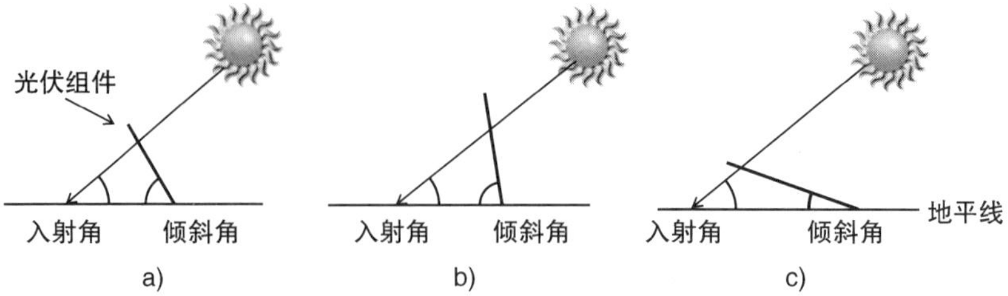

图 1.32　光伏组件的倾斜角的三种情况及对应的入射角（AOI）：
a）使屋顶上的组件数量和入射光量最大化的理想位置；
b）倾斜角太大，不能优化入射光；c）倾斜角太小，屋顶上不能承受过多数量的组件

筑物的建筑线条。这些是用于面向东面或西面的浅屋顶常见的安装技术。如果将组件以一定角度安装在屋顶上，那么只能在半个白天中收获能量。对于鳍式安装，虽然未充分利用屋顶区域，但组件可收获全天能量。

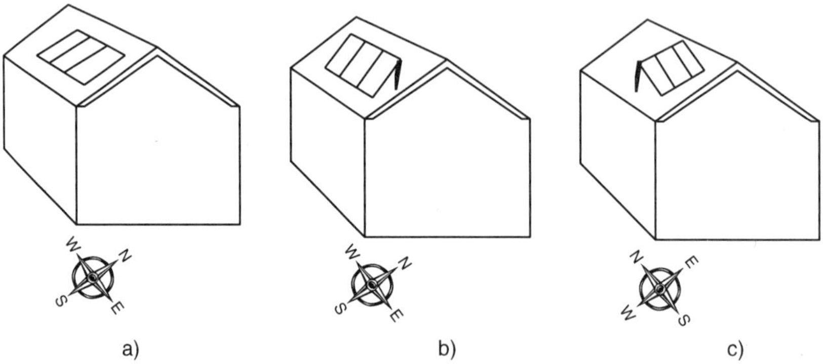

图 1.33　a）嵌入式安装；b）倾斜式安装；c）倾斜屋顶上组件的鳍式安装

1.6.2　地面安装

杆架安装是最常见的地面安装方式之一。杆架顶部安装有一端埋在地面上，还有一组光伏组件挂在杆架上（见图 1.34）。固定杆架安装将组件放置在固定的方向。例如，公路上的数字标志通常由杆架安装的光伏组件供电。

1.6.3　平板和聚光光伏组件的跟踪器

如果光伏组件跟踪太阳循环轨迹，则可以捕获更多的阳光。所需的机械硬件称为跟踪安装座，或更简称为跟踪器。

跟踪器由其轴上的自由度定义。单轴和双轴是跟踪器的两种主要商用形式（见图 1.35）。水平单轴跟踪器可以平行于地面，围绕一个旋转轴转动并优化南北向的入射角。双轴跟踪器使组件围绕垂直于地面的轴线沿东西方向跟踪太阳，同时优化南北向的入射角。

a)　　　　　　　　　　b)

图 1.34　固定杆架安装：a）在交通标志上和 b）在太阳能农场中

a)　　　　　　　　　　b)

图 1.35　a）一排光伏组件的单轴运动和 b）一个光伏组件的双轴运动

和固定方向的平板光伏组件相比，这些可变方向的光伏组件提高了功率。这是因为跟踪器可以在白天较长时间内以较高的强度收集更多的光线（见图 1.36）。典型的单轴跟踪器可以将功率提高 30%；双轴跟踪器可以将功率提高 40% ~45%。在商业上能承担更高安装成本的客户更多使用双轴跟踪器。

1.6.4　系统平衡的环境影响

通常，BOS 元件（例如，跟踪器、逆变器、电池）纳入环境影响分析。BOS

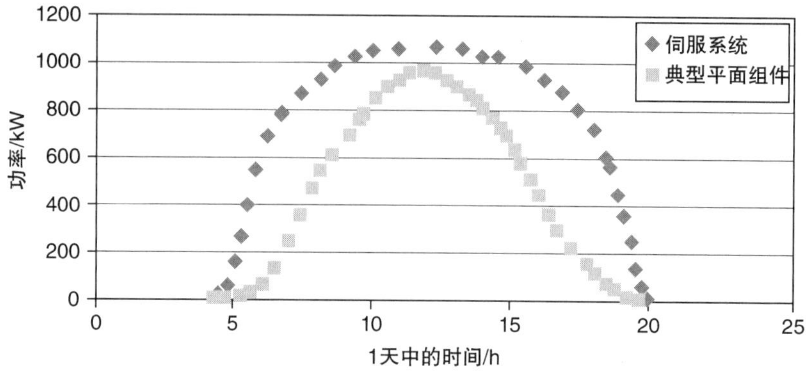

图 1.36　跟踪器上的光伏组件与固定平板光伏组件的每小时功率输出差异

组件的影响很大程度上取决于分析中包含的内容。一些光伏制造商试图通过最小化其 BOS 要求来区分环境可持续性方法。

光伏阵列的收集效率在 1 天中会不断变化，输出的最高性能取决于技术和安装条件。固定角度光伏组件能优化光采集并在中午产生最大电力输出。由于客户的需求在 1 天中会有所不同，它可能并不总是能匹配组件的最大能量输出。因此，电池通常用于存储发电直到用户有需求。另一种方法是出售剩余能源以换取夜间使用的能源。大多数客户选择后一种方法来避免在电池上额外的支出。实际上，组件的环境特征很少将电池作为 BOS 的一部分。当它们被包括在内，是因为它们显著改变了安装的环境影响。Rydh 及其同事[51]对使用不同电池技术、效率和寿命的光伏系统进行了环境影响分析。在光伏组件安装中使用电池技术，增加了 24% ~70% 的能源使用。这种增加是因为大量的能量消耗在电池的制造上。锂离子（Li - ion）、钠 - 硫（NaS）、钒 - 氧化还原（VRB）、锌 - 溴（ZnBr）和聚硫溴化物（PSB）电池具有最低的节能需求且对环境影响最低。相反，镍镉（NiCd）、镍氢（NiMH）和铅酸（PbA）电池对环境有很大的负面影响，因为它们的能量密度较低，回收电池元件的机会较少。

土地稀缺和绿地利用效率低下限制了 CPV 和太阳能农场用作替代能源。然而，安装组件对绿地的影响是很小的。一个设计考虑是将组件安装在一定的高度上，这样既可以双重利用土地又不受野生动物走廊的干扰。比如，4 ~6ft（约为 1.83m）的安装高度可以确保土地用于发电和放牧牧场。在这种情况下，矮小的植物因为还可接受光照仍然可以生长。另一个选择是通过增加安装的能量密度来减少所需的土地面积[52]，例如，因为 CPV 组件拥有更高效率的电池和更高的光密度，所以与平板组件相比，只需更少的 CPV 组件就能产生相同的电量。与固定安装的薄膜组件相比，CPV 组件的能量密度提高了约 279%，因此可以实现更多的土地保护。

参考文献

1. Sherwood, L. *U.S. Solar Market Trends 2010.* Latham, NY: Interstate Renewable Energy Council, 2011.
2. GTM Research Study. *U.S. Solar Energy Trade Assessment 2011: Trade Flows and Domestic Content for Solar Energy Related Goods and Services in the United States.* Boston: Greentech Media, 2011.
3. Fthenakis, V. M. "Overview of Potential Hazards," in *Practical Handbook of Photovoltaics: Fundamentals and Applications*, ed. by Tom Markvart, Luis Castaner, Augustin McEvoy, T. Markvart, and L. Castaner. Oxford, UK: Elsevier Science, 2003: 857–869.
4. Silicon Valley Toxics Coalition. "Toward a Just and Sustainable Solar Energy Industry." January 14, 2009.
5. Fthenakis, V., and K. Zweibel. "Lecture on CdTe PV: Real and Perceived EHS Risks 2003," NCPV Meeting, Denver, March 24–26, 2003.
6. International Energy Agency (IEA). *Technology Roadmap Solar Photovoltaic Energy.* Paris, October 2010.
7. Pivrikas, A., H. Neugebauer, and N. Serdar Sariciftci. "Charge Carrier Lifetime and Recombination in Bulk Heterojunction Solar Cells." *IEEE Journal of Selected Topics in Quantum Electronics* 16 (2010): 1746–1758.
8. ASTM E490-00a, 2006. Standard Solar Constant and Zero Air Mass Solar Spectral Irradiance Tables. West Conshohocken, PA: ASTM International, 2004.
9. International Science Panel on Renewable Energies Research and Development on Renewable Energies. "A Global Report on Photovoltaic and Wind Energy." December 2009.
10. Green, M., and M. D. Archer. *Clean Electricity from Photovoltaics.* London: Imperial College Press, 2012.
11. Green, M. A. "The Path to 25 Percent Silicon Solar Cell Efficiency: History of Silicon Cell Evolution." *Progress in Photovoltaics: Research and Applications* 17 (2009): 183–189.
12. Green, M. "Silicon Solar Cells: Evolution, High-Efficiency Design and Efficiency Enhancements." *Semiconductors in Science and Technology* 8 (1993): 1–12.
13. Sullivan, J., and G. Krieger. *Clinical Environmental Health and Toxic Exposures*, 2nd ed. Philadelphia: Lippincott Williams & Wilkins, 2001.
14. Levy, R. A. *Microelectronic Materials and Processes.* Boston: Kluwer, 1989.
15. Xakalashe, B. S., and M. Tangstad "Silicon Processing: From Quart to Crystalline Silicon Photovoltaic Cells." Southern African Institute of Mining and Metallurgy, Johannesburg, March 2011: 6–9.
16. Basu, S. *Crystalline Silicon: Properties and Uses.* Rijeka, Croatia: Intech Media, 2011.
17. National Centre for Catalysis Research. *Frontiers in Chemistry.* Madras: Indian Institute of Technology, 2007.
18. Rivkin, T., C. Curtis, A. Miedaner, et al. "Lecture on Direct Write Processing for Photovoltaic Cells." 12th Workshop on Crystalline Silicon Solar Cell Materials and Processes, Breckenridge, August 11–14, 2002.
19. Dzarnoski, J., S. F. Rickborn, H. E. O'Neal, and M. A. Ring. "Shock-Induced Kinetics of the Disilane Decomposition and Silylene Reactions with Trimethylsilane and Butadiene." *Organometallics* 1(9) (1982): 217–220.
20. Yoshida, K., K. Matsumoto, T. Oguchi, et al. "Thermal Decomposition Mechanism of Disilane." *Journal of Physical Chemistry A* 13(110) (2006): 4726–4731.
21. Biello, D. "Explosive Silicon Gas Casts Shadow on Solar Power Industry: Silane Gas Has Killed and Injured Workers at Cell-Making Plants. Can the Photovoltaic Industry Live without It?" *Scientific American*, April 2, 2010.
22. Watanabe, Y., H. Shibuya, and E. Suzuki, "145 Development of the Chlorine-Free Monosilane Production Process via Methoxysilanes Using a Fluidized-Bed Reactor." *Studies in Surface Science and Catalysis* 145 (2003): 547–548.
23. Reinhardt, K., and R. Reidy. *Handbook for Cleaning for Semiconductor*

Manufacturing: Fundamentals and Applications. Hoboken, NJ: Wiley-Scrivener, 2011.
24. Bullis, K. "Cheaper High Efficiency Solar Panels." *Technology Review* 6(24) (2011): 1–2.
25. Williams, T., S. Boyd, S, and T. Buonassisi. "Lecture on Technology Choices for the PV Industry: A Comparative Life Cycle Environmental Impact Perspective." 20th European Photovoltaic Solar Energy Conference, Barcelona, Spain, June 6–10, 2005.
26. Chan, R., C. O'Connor, R. Barr, et al. "Lecture on Wafer Cleaning and Its Effects on Subsequent Texturing Process." 24th European Photovoltaic Solar Energy Conference, Hamburg, Germany, September 20–25, 2009.
27. Piet, L., L. Hulshoff Pol, P. Wilderer, and T. Asano. *Water Recycling and Resource Recovery in Industry,* Rotterdam, Netherlands: IWA Publishing, 2002.
28. Eckhoff, R. *Dust Explosions in the Process Industries.* Houston, TX: Gulf Professional Publishing, 2003.
29. Alkire, R. *Photochemical Materials and Energy Conversion Processes.* Weinheim, Germany: Wiley-VCH, 2011.
30. Van Aken, B., C. Devilee, M. Dörenkämper, et al. "PECVD Deposition of an a-Si:H and c-Si:H Using a Linear RF Source." *Proceedings of SPIE* 6651 (2007): 66510C-1–66510C-8.
31. Bonnet, D. "The CdTe Thin Film Solar Cell: An Overview." *International Journal of Solar Energy* 12 (1992): 1–14.
32. Romeo, N., A. Bosio, and A. Romeo. "An Innovative Process Suitable to Produce High Efficiency CdTe/CdS Thin Film Modules." *Solar Energy Materials and Solar Cells* 94 (2010): 2–7.
33. Shah, N, A. Ali, and A. K. S. Aqili. "Physical Properties of Ag-Doped Cadmium Telluride Thin Film Fabricated by Closed Space Sublimation Technique." *Journal of Crystal Growth* 209 (2006): 452–458.
34. Bayer, A., D. Boyle, M. Heinrich, et al. "Developing Environmentally Benign Routes for Semiconductor Synthesis: Improved Approaches to the Solution Deposition of Cadmium Sulfide for Solar Cell Applications." *Green Chemistry* 2 (2000): 79–86.
35. Goetzberger, A., and V. U. Hoffmann. *Photovoltaic Solar Energy Generation* Heidelberg, Germany: Springer, 2005.
36. Seth, A, G. B. Lush, J. C. McClure, et al. "Growth and Characterization of CdTe by Close Spaced Sublimation on Metal Substrates." *Solar Energy Materials and Solar Cells* 59 (1999): 35–49.
37. Lincot, D. "Electrodeposition of Semiconductors." *Thin Solid Films* 487 (2005): 40–48.
38. Luque, A., and S. Hegedus. *Handbook of Photovoltaic Science and Engineering,* 2nd ed. Hoboken, NJ: Wiley, 2011.
39. Alamri, S. N. "The Growth of CdTe Thin Film by Close Space Sublimation System." *Physica Status Solidi A* 200 (2003): 352–360.
40. Elwell, D., and G. Rao. "Electrolytic Production of Silicon." *Journal of Applied Electrochemistry* 18 (1988): 15–22.
41. Moskowitz, P. "Environmental Health and Safety Issues Related to the Production and Use of CdTe Photovoltaic Modules." *International Journal of Solar Energy* 12 (1992): 259–281.
42. Choi, C. Q. "Study: Solar Power 'Green' Despite Toxic Materials." http://www.Foxnews.com, February 27, 2008.
43. Ingalls, W. *The Metallurgy of Zinc and Cadmium.* Charleston, NC: Nabu Press, 2012.
44. Nordic Council of Ministers. "Cadmium Review," January 2003. http://www.who.int/ifcs/documents/forums/forum5/nmr_cadmium.pdf
45. Fthenakis, V. M., M. Fuhrmann, J. Heiseri, et al. "Emissions and Encapsulation of Cadmium in CdTe PV Modules During Fires." *Progress in Photovoltaics: Research and Applications* 13 (2005): 1–11.
46. Shockley, W., and H. Queisser. "Detailed Balance Limit of Efficiency of *pn* Junction Solar Cells." *Journal of Applied Physics* 32 (1961): 510–520.

47. King, R. R., D. C. Law, and C. M. Fetzer. "Pathways to 40 Percent Efficient Concentrator Photovoltaics." 20th European Photovoltaic Solar Energy Conference, Barcelona, Spain, June 6–10, 2005.
48. Perez, M., H.-C. Kim, V. Fthenakis, and A. Pereira. "Façade BIPV-The Environmental Life-Cycle Value Proposition," May 20, 2011. http://altpower.com/pdf/news_recentnews.pdf
49. U.S. Department of Energy. "Energy Basics: Concentrator Photovoltaic Systems," August 2011. http://www.eere.energy.gov/basics/renewable_energy/concentrator_pv_systems.html
50. Gesellschaft für Sonnenenergie. *Planning and Installing Photovoltaic Systems: A Guide for Installers*, 2nd ed. London: Earthscan, 2008.
51. Rydh, C. J., and B. Sanden, "Energy Analysis of Batteries in Photovoltaic Systems: II. Energy Return Factors and Overall Battery Efficiencies." *Energy Conversion and Management* 46 (2005): 1980–2000.
52. Fthenakis, V., and H. Kim. "Land Use and Electricity Generation: A Life-Cycle Analysis." *Renewable and Sustainable Energy Reviews* 13 (2009): 6–7.

第2章 光伏产业可持续发展的动力

产业化增加经济财富并为居民带来社会福祉，但是，这种发展不能以自然资源的消耗为代价。许多研究人员将空气、土壤质量的变化与一个国家的生活水平联系了起来，Grossman 和 Krueger[1]发现了空气质量的改善与日益变高的人均国内生产总值（GDP）两者之间的关系，例如，在北美，超过5000美元的人均GDP与越来越低的二氧化硫排放量之间存在着重要的关系。Cropper 和 Griffiths[2]用这种关系来预测经济发展的繁荣水平，以此来将注意力高度集中于发展国家经济，这样会减少对陆地森林的砍伐量。森林砍伐量的减少又与先进的农业技术有关，先进的技术使得相同的一片土地可以生产更多的粮食谷物，从而减少对土地的需求量，多余的土地可以用来给流离失所的动物和植物种子提供家园。基于上述这些联系，这些作者预测伴随着非洲人均GDP增加到4760美元以及北美人均GDP增加到5420美元，物种保护现象会得到明显改善[2]。他们进一步预测要达到这种程度的繁荣水平，有限的自然资源会继续被消耗。

国际自然保护联盟（IUCN）创建于1948年，目的是为了解决由于经济发展差异所带来的环境保护的不一致性。IUCN是一个致力于鼓励并授权发展中国家可持续利用当地资源的非营利性组织，由不同类型的成员组成，包括政府、非政府性组织以及科学家志愿者。议会目前每4年召开一次，而且会为了讨论项目规划、法律、政策而提供中立论坛。《世界自然保护大纲》，著于1980年，是议会众多相关工作成果中的一个，它是一个在发展中国家实施保护计划的框架，致力于在各个国家协调政策。它最初的原则是维持生态过程、遗传多样性保护和确保生态系统的可持续利用。

《世界自然保护大纲》是第一个致力于提高国际上对人类行为会不可逆转地影响地球承载能力的意识的出版物，但是，人们很快地意识到，除此之外还需要做一些工作来创造一个持续性的全球影响，因此，在《世界自然保护大纲》完稿之后，议会成员同意成立一个独立的委员会以提高对可持续发展原则的意识。作为响应，世界环境与发展委员会（WCED），同时也是布伦特兰委员会，成功建立。

布伦兰特委员会的创建，为促进可持续发展理念的采纳做出了无价的努力。特别地，当谈及可持续发展能力最为普遍的定义时，布伦兰特委员会通常会被提及。根据委员会定义，可持续性是指保证未来所需要的资源不会由于今日的一些行为而被删除的项目、政策和哲学思想，未来哪一种资源会短缺这一话题受到强烈争议，并且基于保护努力与社会消费习惯的转变，能源结构也在发生着改变。尽管存在着细微的分歧，但人们普遍认为可持续性是一种寻求和评估机会的哲学，同时要求减少浪费、优化盈利能力和提高生活水平。简单地说，可持续性的概念通常简化为地球、利润和人类，也被称为三个 “P”[3-5]。可持续发展是这三个不同的举措的交集（见图 2.1）。

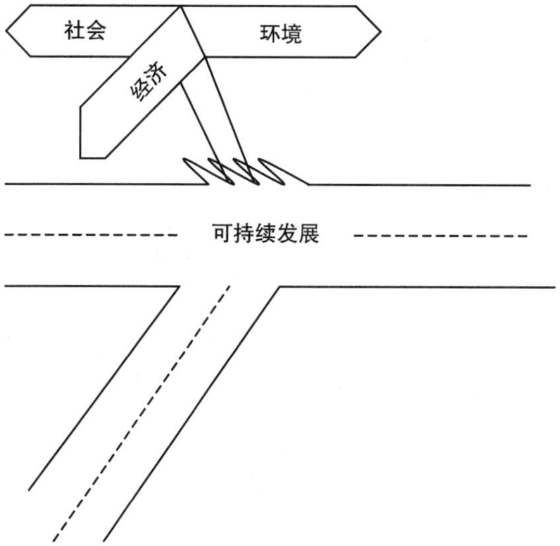

图 2.1　可持续发展的三个交叉举措

在制定可持续发展方案和政策方面所采用的方法有着巨大的差异；然而，最根本的要求是对理想及对其监督和实施负有责任的指定人员或个人承担企业一级的承诺[6-7]。在最简单的例子中，一个可持续发展部门制定企业政策和计划，确保生产实践和产品符合环境法规。可持续发展部门的作用往往超出了法规的遵从性，需要在其他环境倡议中发挥领导作用。

考虑到当前的全球形势，可持续性尤为重要。不断增长的人口压力加剧了寻找能源资源以满足日益增长的全球需求的重要性。可再生能源比例越来越大的多样化能源组合是发达国家和发展中国家的共同战略。根据定义，可再生能源应该提供一种可持续的能源，既不污染环境，又能提高人民的生活水平。

2.1　马尔萨斯困境

不受控制的人口增长造成了数十年的担忧，即资源不会随着需求的增加而扩大，造成大规模饥荒和破坏。这种恐惧是畅销书《人口炸弹》的主题，该书于1968年出版。作者Paul和Anne Ehrlich预测，20世纪80年代后期，由于农业资源不足，无法养活大众，会导致大规模饥荒和死亡[8]。Ehrlich因改写几个世纪前形成的理论而遭到强烈批评，在预测人口增长压力方面，人们通常选择相信1798年Robert Malthus教士编写的《人口原则》一书。这本书是第一个将人口增长和大规模饥饿联系起来的著名出版物。Malthus警告说，人口增长的竞争最终会使社会中越来越多的人找不到食物和住所。人口增长超过食物和自然资源的生产，因为人口呈几何增长，而资源按照算术增长。换句话说，Malthus认为人口的增加会导致生活水平的普遍下降、大规模饥荒和死亡率的增加。他的理论被称为马尔萨斯困境，或人口困境。Malthus认为他的出版物是一种教育和说服人口采取禁欲作为一种人道主义努力，以改善他们的同胞的生活质量的手段。

尽管有这些预测，预期的人口下降并没有发生。在工业革命（1750～1850）和绿色革命（1940～1970）期间发生的无法预料的技术进步被认为可以阻止预测之中的全球性灾难。机器（例如，脱粒机）、农业技术（例如，化学合成的农药、肥料、灌溉设施、作物杂交）在此期间大幅提高生产效率和作物产量，这避免了数百万人挨饿。然而，由于这些不受监管的技术提升同样对环境质量造成极大的损害。在工业革命时期，人类的垃圾和工业废物污染了当地水道导致霍乱和伤寒爆发，而从烟囱喷出的空气污染物形成烟雾，也夺走了一些生命[9-11]。

Barry Commoner在1971年写了《封闭的循环》一书，评论了技术对环境的影响[12,13]。这是人们第一次试图定义人口、技术和污染之间的数学关系。Commoner认为污染等于人口、人均经济物和单位经济财务污染的乘积。Ehrlich和Holdren重新定义IPAT理论中的Commoner公式[14]，IPAT是参照方程所描述的哲学的数学关系[14,15]。其中一个重要基本变化是Ehrlich和Holdren引用了环境影响量而不是污染量。在他们的等式中，环境影响I等于人口P、消费水平（富裕A）、消费的影响（是关于技术T的函数）的乘积，表示为

$$I = P \times A \times T \tag{2.1}$$

虽然方程看起来像一个简单的线性关系，但作者认为每一个变量都是相互依赖的，从而增加了数学依赖的复杂性。例如，人口的增加将增加资源消耗，技术的改进也会影响消费习惯，尽管它们之间的相互依赖性不可预测。鉴于这一等式的复杂性，他们认为Commoner的方法会使算出来的污染量偏小。

不管数学表达式如何，大多数研究者都认为技术是全局均衡器。如前所述，发展中国家容易缺乏清洁的水、肥沃的土壤和新鲜的空气。因此，全球的挑战是均衡技术布局，而不会不可逆地破坏环境资源，并扩大地球的承载能力。均衡生活水平的常用方法之一是获得电力，从而提供基本必需品，如水净化、农作物灌溉、一般照明、制冷和现代医疗服务[16]。

光伏组件是提供能源的一种手段，而不考虑经济状况和地理位置。目前，有13 亿～17 亿人没有使用电网提供的电力[17]。在晚上看卫星地图，这种地理差距越来越明显[18]（见图 2.2）。非洲、亚洲和澳洲是电力基础设施最少的大洲。据估计，没有电的地区有 84% 位于农村地区[19]。光伏组件能让当地人获得能源，而不需要耗时几十年才能完成对基础设施的更改。然而，要到达这些贫穷的农村地区，光伏组件必须是廉价和易携带的。离网应用在典型的偏远地区，资源必须由人工携带，因为偏远地区很少有道路存在。光伏产业的不断增长需要解决这一问题。例如，在 2011 年 5 月，旧金山开始销售能够在阳光下充电一整天后产生 4h 电能的太阳能灯。仅售 8 美元；然而，是它们的分配问题抑制了市场渗透，而不是它们的价格。需要把太阳能灯配送到农村地区，因为大多数农村居民不在城市商店购物。维修和服务协议在这些领域不容易提供，导致了市场渗透率的减慢。一些非政府机构（NGO）参加了将光伏技术推广到这一具有挑战性的市场的活动。大多数环保人士都认为，相对于传统燃煤发电厂而言，光伏发电是一种首选的能源，传统发电厂会产生有害的温室气体。

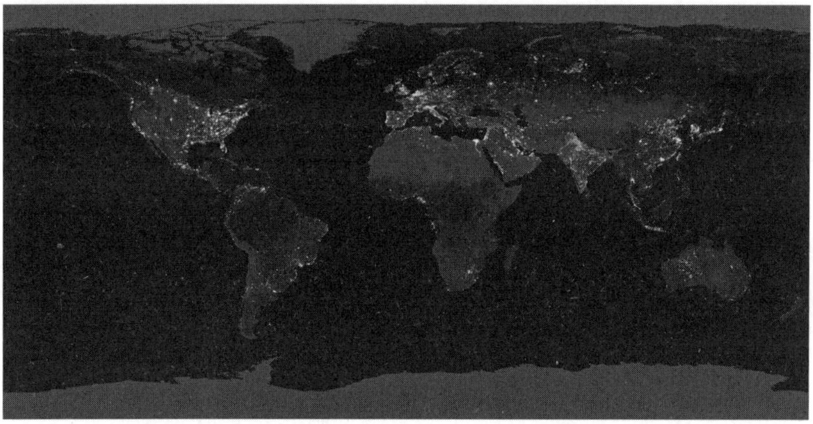

图 2.2　夜间卫星图像表明人造光使用最多的是在北美洲和欧洲（来源：美国国家航空航天局哥达德太空飞行中心，科学可视化工作室。地球之夜。华盛顿：政府印刷局，2012）

2.2　全球气候变化和能源资源之间的关联

长期以来，人工合成的化学物质，如氟氯化碳（CFC），已被怀疑为造成大气变化的原因[20]。James Lovelock 是第一个把大气中高浓度的氟氯化碳与大量臭氧耗竭联系在一起的人。然而，直到 Mario Molina 和 Sherry Rowland 报告了紫外线辐射下氟氯化碳的不稳定性，这些相关性才有了科学的解释。具体来说，臭氧的消耗遵循自由基反应机制由链引发、链增长、链终止三个反应组成[21]。起始反应在地球的平流层，含氯氟烃（Cl_3FC）被紫外线辐射，生成氯自由基（见图 2.3）。在氧分子形成的传播反应产物和再生氯基反应，使臭氧分解，在地球的北极地区臭氧层变得更薄，如南极洲和北极圈[22]（见图 2.4）。终止处会有二氯过氧化物（Cl_2O_2）形成，可以再生额外的氯自由基，重新启动先前描述的顺序，对臭氧层造成破坏。

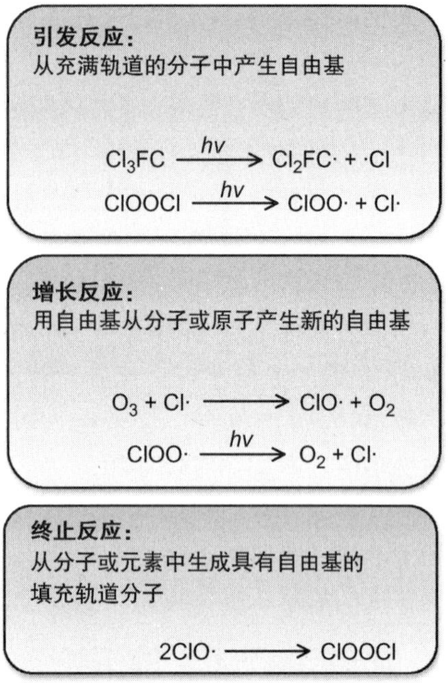

图 2.3 臭氧分解为氧的一系列自由基反应

再过 10 年，氟氯化碳的影响才有明显的社会后果。在 1988 年的夏天，美国正经历着前所未有的热浪和随之而来的干旱。与以前的天气异常不同，这一次天气影响了美国大陆的所有地区，使大多数城市的温度超过 37.8℃（311K）。估计 1988 年的财产损失在 800 亿~1200 亿美元之间，包括农作物、牲畜和自然蓄水量的损失。这样的天气还导致数千人死于火灾和高温[23]。

为了应对生命和财产的损失，美国参议院能源和自然资源委员会于 1988 年 6 月召开了一次听证会，以查明干旱的科学成因。这次听证会的证词被称为美国全球变暖争议的开始。具体而言，美国国家航空航天局（NASA）哥达德太空研究所的代理主任 James Hansen 得出的结论是，干旱是受人类制造的温室气体影响产生的。他的证词中警告说，越来越多的气候强迫导致增加的气候波动。气候强迫的三个主要类别为温室气体、人为影响和自然过程（见表 2.1）。每一个类别又进一步细分为影响地球表面温度的化学物质和过程的具体例子。

Hansen 的警告源于一个气候模型，该模型提供了三种不同的基于强制浓度的场景，特别是二氧化碳、甲烷、水、氟氯化碳和气溶胶的浓度（见图 2.5）。在场景 A 中，衡量气体排放的增长率在 20 世纪 70 年代和 80 年代的观察结果相同。另一方面，气候因素将在未来几十年增长，导致地球的地表温度上升。基于这些假设，可以预测温室气体呈指数增长，表面温度有最高增加［约 1.5℃（约 274.7K）］。场景 B 假定减少微量气体的排放造成的温室气体强迫保持几乎不变。这将导致地表温度继续以不太快的速度上升。具体来说，预计场景 B 中温室气体呈线性增长，产生轻微的温度升高［约 1℃（约 274.2K）］。最后，场景 C 降低了 1990 年和 2000 年微量气体的增长，这样一来，2000 年后影响气候变化的

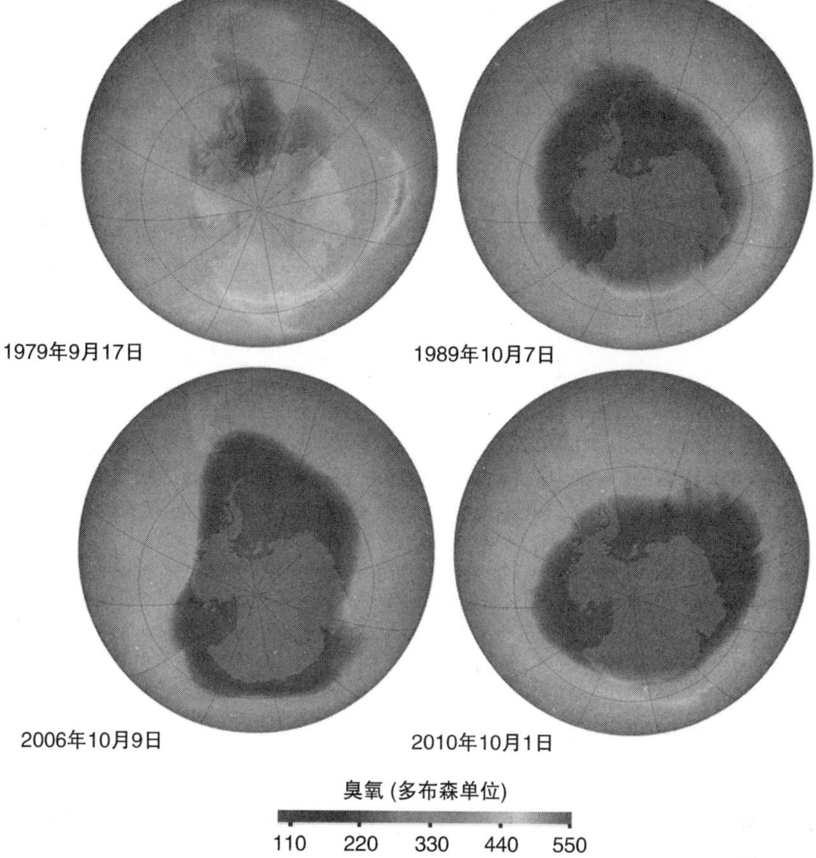

图 2.4　随着时间推移南极洲上臭氧空洞不断增加的图像（美国宇航局提供的臭氧空洞观测图片。美国国家航空航天局。臭氧空洞观察。华盛顿：政府印刷局，2012）

因素就会停止活动。在最后一种场景中，地球表面温度保持不变，使得 2000 年后全球温度没有明显变化。该模型得出的明显结论是，政府减少温室气体和人为影响的法规将防止重蹈 1988 年旱灾的损失[24]。

表 2.1　气候强迫分类和气候模拟中常用的具体例子

强迫分类	类型
温室气体	二氧化碳、甲烷、氧化亚氮（N_2O）、氯氟烃
人为影响	煤烟、反射的气溶胶、土壤、尘埃、云的变化
自然过程	太阳辐射的变化

这些场景几乎立即遭到质疑。其中最为响亮的是一些公司的利润将受到旨在减少温室气体排放的法规的影响。例如，化学和能源公司是第一个回应 Hansen 证词的公司。杜邦公司发布报告，刊登整版广告来质疑研究的科学性，并且宣告

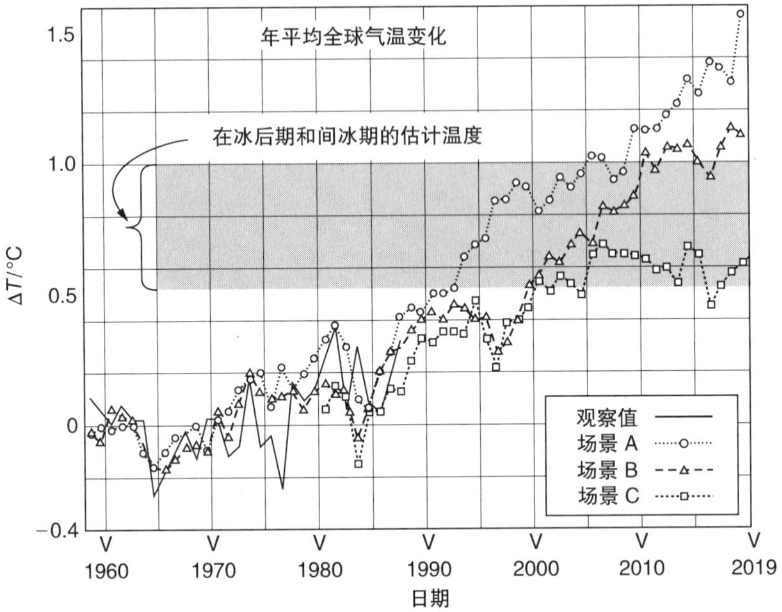

图 2.5　三种模拟场景中全球表面温度的实际和模拟变化［来源：Hansen，J.，I. Fung，A. Lacis 等。“由哥达德空间研究所三维模型预测的全球气候变化”，《地球物理研究杂志》，1988（93）：9341－9364。经美国地球物理联盟许可复制/修改］

工业崩溃的警告（如果氯氟化碳被禁止）。1989 年，石油生产商的回应是成立全球气候联盟（一个游说团体），以应对潜在的温室气体排放禁令。大多数美国石油公司反对碳排放禁令，埃克森美孚公司更进一步地宣称，没有把全球变暖与石油生产和燃烧联系起来的科学依据。

为了消除一些在全球变暖问题上的猜想，由 1988 年在联合国大会的支持下联合国环境规划署（UNEP）和世界气象组织（WMO）成立了政府间气候变化专门委员会（IPCC）。IPCC 是一个由 195 个国家组成的政府间小组，负责定期评估当前的气候变化科学知识。2007 年，IPCC 发布了第四次评估报告，其中包括全球温室气体浓度的增加和全球温度相对于工业化前的水平约有 0.7℃（273.9K）的增加之间的相关性证据。尽管关于这种相关性的有效性存在着大量的科学和政治争议，但人口增长正在增加世界的能源需求，这一点几乎没有争议[25]。

2.3　能源来源和国家电网的混合

世界人口从 1960 年的 30 亿 3900 万增长到 2011 年的 69 亿 9300 万，增长了 230%[26]。预计到 2030 年底将增长约 120%[27]（见图 2.6）。人口增长预计将在

2005 ~ 2030 年间使全球能源需求扩大 55%[28]。

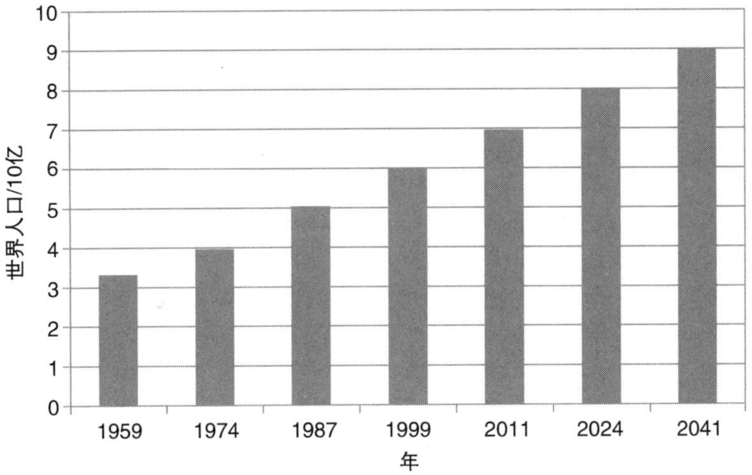

图 2.6　1959 ~ 2011 年世界人口的变化以及预计到 2050 年的人口数量（来源：美国人口普查局。国际数据库世界人口。华盛顿：政府印刷局，2010 年 6 月）

寻找能够满足日益增长需要的能源资源已成为全球优先事务[29]。在过去的几十年里，不同的能源解决方案采用了不同的资源组合。在 1973 年，世界共生产了 6116TWh 的电力。最大的来源是煤炭（38.2%）、石油（24.7%）和水电（21%），占总发电量的 83.9%。在 2008 年，世界电力总量为 20181TWh，其中三个最大的来源是煤炭（41%）、天然气（21.3%）、水电（15.9%）。减少对水电的依赖，部分原因是 1973 ~ 2008 年间对核能的依赖增加，从 3.3% 增加到 13.5%。不管怎样，以碳为基础的传统能源仍然是最常用的能源组合。

可再生能源的增长率从 1973 年的 0.6% 缓慢增长到了 2008 年的 2.8%。这个比例相当于总共有 565TWh 的太阳能、风能、地热能，但是这些能源理论上可以产能 750 000TWh。依次，太阳能能够提供最大的输出（444 000TWh），其次是风能（167 000TWh）和地热（139 000TWh）。尽管有这个机会，可再生能源的采用高度依赖于每个国家的能源战略。

在考虑基于区域的能源战略时，欧洲、北美洲、亚洲和大洋洲无法实现可持续的能源生产，消耗的能源比它们生产的更多。南美洲、美洲中部、非洲和中东是净生产国，可以产生出口盈余[28]（见图 2.7）。那些采用不可持续能源组合的国家对采用可再生能源方案最为积极。

每年最大的能源需求预计来自人口最多的国家。截至 2011 年 7 月，中国有最多的人口（1 336 718 015），其次是印度（1 189 172 906）和美国（313 232 044）。鉴于这样的情况，中国和印度有望成为世界能源需求不断上升的最大贡献者[28]。随着需求的增加和自然资源的有限，各国制定了不同的战

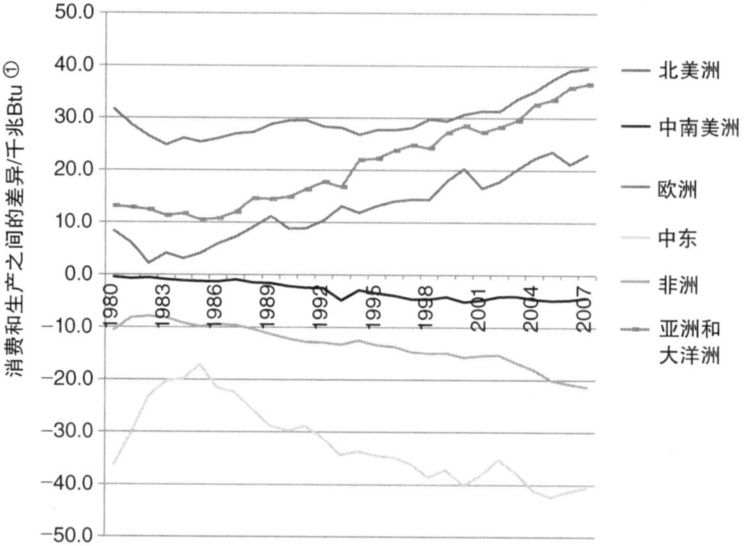

图 2.7　1980 ~ 2008 年间净能源生产商和消费者（来源：美国商务部人口普查局。表 1389：按国家消耗化石燃料的二氧化碳排放量，1990 ~ 2008。华盛顿：政府印刷局，2011）

① Btu = 1055.056J。

略，以解决居民的能源需求。

各个国家及其能源资源差别很大，在进行碳足迹评估时，能源网的组成是一个重要考虑因素。法国（77.1%）、瑞典（42.6%）、乌克兰（46.7%）和韩国（34%）对核能的投入相对于国内能源总投资最高。这导致每千瓦时发电产生最低的温室气体排放量（法国，0.026kg $CO_{2,eq}$/kWh；瑞典，0.024kg $CO_{2,eq}$/kWh）[30]（见表 2.2）。水电在挪威（98.5%）、巴西（79.8%）和委内瑞拉（72.8%）中得到了最广泛的应用，占据国内发电总量的主体。全球二氧化碳的生成贡献最大的是中国（6533t）、美国（5832t）、俄罗斯（1729t）、印度（1495t）、日本（1214t）。这些国家也是电网中使用矿物燃料混合浓度最高的国家。中国（2733TWh）、美国（2133TWh）和印度（569TWh）是使用煤最多的国家；日本（139TWh）、沙特阿拉伯（116TWh）和美国（58TWh）是使用石油最多的国家；美国（991TWh）、俄罗斯（495TWh）和日本（283TWh）是使用天然气最多的国家[31]。

二氧化碳排放量也可以根据每个消费者的最高排放量来考虑。美国能源信息管理局（EIA）通常将能源消费者分解为运输、工业、住宅和商业部分。2008 年，美国二氧化碳排放量最高的依次为运输（33%）、工业（27%）、住宅（21%）和商业（18%）。由于美国交通系统使用的 320 万辆汽车，石油产生的二氧化碳排放量最大。第二大贡献者是煤炭，这是由于美国电网对这种燃料的依赖程度很高[28]。光伏发电装置能够解决这些部分的能源需求，而不会在发电过程中产生排放物。因此，这 4 个消费行业代表了光伏厂商所瞄准的不同市场细分。

表 2.2　典型的生产每千瓦时电力的二氧化碳排放量

电网的中值电压	kg $CO_{2,eq}$/kWh
挪威（NO）	0.010
法国（FR）	0.026
瑞士（CH）	0.036
巴西（BR）	0.062
比利时（BE）	0.094
芬兰（FI）	0.125
西班牙（ES）	0.144
日本（JP）	0.151
丹麦（DK）	0.159
保加利亚（BG）	0.173
中国（CN）	0.327
捷克共和国（CZ）	0.227
德国（DE）	0.182
英国（GB）	0.168
希腊（GR）	0.278
爱尔兰（IE）	0.219
瑞典（SE）	0.024
美国（US）	0.214

注：表中数值是根据全国平均电网组合计算的。

来源：SimaPro 数据库版本 2.2，IPCC 2007 GWP 100a。阿姆斯特丹：PRé 顾问，2008 年 5 月。

2.4　光伏材料的约束

在当前的绿色行动中，美国政府的主要目标之一是减少美国对外国石油的依赖。这一战略包括增加美国消费者对光伏组件和节能技术的依赖。不幸的是，这两种替代技术都要使用供应量很少的原材料。随着固态照明、混合动力汽车和光伏组件的需求增加，美国政府担心如何获得足够的稀有材料以避免供应限制。具体来说，如果新兴能源技术需要的问题材料不能通过国内资源生产，那么能源供给问题已全然成为一个外交关系的问题，而且也面临着风险。

能源关键元素（ECE）是一些稀缺的元素，这些元素可以用来生产可再生能源和满足节能技术要求（例如，太阳能光伏板、固态照明、风车等）。稀缺性是指地球地壳中这种元素相对于含量最多的硅（Si）、氧（O）和铝（Al）三种元素含量很少。特别地，与光伏组件制造相关的 ECE 是镓、铟、碲和硒[32]（见表 2.3）。

含量仅在高丰度元素浓度的十万分之一和千万分之一之间。直接开采 ECE 是不经济的，它们的相对丰度低。因此，通常 ECE 是作为有大批量开采指标元素得到的副产品。例如，铟是锌矿的副产品，碲是锌矿的副产品，镓是铝土矿和锌矿的副产品。实际上，ECE 的供应取决于对初级矿产品的需求，而不是基于对 ECE 的需求。

表 2.3 能源关键元素、常见应用及其在光伏产业中的应用

元素	各种应用	光伏应用
铟（In）	计算机显示器和电视用液晶显示器；焊料用合金；发光二极管（LED）；碱性电池	薄膜光伏电池（CIGS、CIS）
镓（Ga）	发光二极管、激光二极管	薄膜光伏电池（CIGS）
锗（Ge）	红外光学、光纤光学；聚对苯二甲酸乙二醇酯（PET）；电子催化剂	聚光光伏电池
银（Ag）	硬币；奖章；珠宝；银器	硅光伏组件
硒（Se）	复印机；玻璃（例如，钠钙硅玻璃）；交通灯透镜；建筑玻璃；一种水管中铅的替代品；用以改善可加工性和铸造性能的铁、铜、铅和钢合金；洗发水添加剂控制头皮屑	薄膜光伏电池（CIGS、CIS）
碲（Te）	铁、铜和钢中的合金添加剂；化学工业中的催化剂；DVD 制造	薄膜光伏电池（CdTe）

来源：Tolcin，A. C. 2010 矿物年鉴美国地质调查：镉。美国地质调查局。华盛顿：政府印刷局，2011 年 9 月。

美国能源部于 2011 年 12 月发布了一份名为“关键材料战略”的报告[33]。报告和随后提出的建议是为了回应可再生能源部门的增长将耗尽有限资源的担忧。资源的临界性取决于供应风险以及这些材料对能源市场技术的重要性。截至目前，镓的供应不被认为是至关重要的。接下来的 15 年，光伏产业需要 4 ~ 20t/GW 的镓。从这个角度来看，2010 年，美国各个产业需要消费 59.2t 的镓。碲的供应几乎是关键的，预期的要求为 43 ~ 145t/GW。最后，铟的供应具有中等的临界性。预计未来 10 年的需求量为 110 ~ 165t/GW。这是一个重要的需求指标，在 2010 年美国所有工业共计使用了 120t 的铟。

目前，美国的出口效率在下降，这使得中国成为稀土元素最大的出口国。之前的情况并非如此，在 20 世纪 90 年代，美国 Molycorp 股份有限公司是稀土最主要的生产者。到 2015 年，中国成为一个完全的净进口国，而不是净出口国[34]（见图 2.8）。中国迅速增加的能源需求增加了对其基础设施的压力。2007 年，中国商务部正式宣布稀土元素是战略商品，其出口量一直在稳步下降。具体地说，中国政府宣布锰的储量至少为 500 000t，镉的储量为 300t。这些特殊的金属已被确定为中国不断扩大的能源需求的关键[35]。

基于稀有金属有限的供应，其他国家也已开始储备。美国政府将矿石、基础金属、贵金属、矿产、农产品储备视为其能源防御的关键。

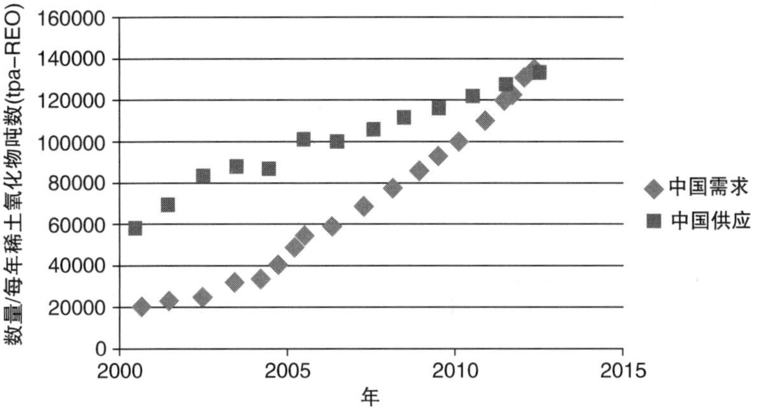

图 2.8　中国从 2000 ~ 2012 年的需求和供应效率（来源：Kingsnorth，D.，“在全球稀土产业上的演讲：一种微妙的平衡。”第二年度稀土和战略金属会议，澳大利亚，悉尼，2012 年 2 月）

在造成严重物质短缺的一系列历史事件之后，为了避免未来的短缺，储备计划被开发出来。具体而言，该方案的催化剂是二战期间所经历的资源短缺。作为回应，美国国会于 1939 年通过了《战略性、关键材料堆存法》，要求武装部门的各个部门囤积、储存和定期审查资源需求以呼应其方案。美国国防后援局（DLA）于 1961 年成立，是美国国防部的一个机构，致力于消除各个军队分支的资源过剩并提高它们之间的效率。国防后援局仍活跃至今，并在各个领域进行有关活动，其中一个重点活动是能源资源。

储存燃料的国防后援局战略在过去的几十年里已经改变了。这个项目的重要性增加了，因为美国在 20 世纪 50 年代成为了电力净进口国[31]。最初，石油和煤炭是二战后库存方面的主要问题。在 20 世纪 70 年代后期，任务扩大到包括航空和地面燃料。20 世纪 90 年代初，天然气价格下降，天然气需求增加，供应减少。在确认天然气是美国能源组合的重要一部分后，其采购成为了国防后援局的一项新任务。这并不是此战略添加的最后一个能源。最后，在 2009 年底，扩大到了包括可再生能源技术的采购、研究和开发，包括但不限于太阳能、氢气和合成燃料。

由于能源独立十分重要，大多数材料专家反对储存稀有金属，担心它们完全退出市场将扼杀创新。因此，美国能源部已评估采购稀有金属的其他方式。美国能源部所提议的策略是为了使供应链全球化，开发替代品，并通过促进回收、再使用和更多有效用处来管理产业链的末端[36]。

美国光伏制造商一直把重点放在回收和再利用上，以此作为采购额外供应的手段。例如，在整个组件生命周期中，回收和再利用方法正在开发中，包括矿物提取、处理、组件的形成和处理。鉴于其丰度低，多数稀有金属有比黄金更高的货币价值，当世界需求继续超过供给时，其价格预计将继续增长。然而，这些珍贵元素和金属在光伏组件中的浓度很低。因此，需要大批量、高效率的报废回收，使回收经济化。

如果没有有效的回收技术，光伏产业的发展可能会受到阻碍。通过考虑每个光伏技术平均需要的材料量和全球资源的限制，Feltri 和 Freundlich[37] 估测当生产达到满负荷时光伏科技的能源生产总量。纵观整个行业，总共约为 15TWy，明显低于预期从太阳能产业获得的 56TWy。

Feltri 和 Freundlich 还说明了每个技术的供应瓶颈。晶体硅、薄膜和聚光光伏制造商都将受到影响。对于硅组件制造商来说，用于电极结构的银可能影响该技术的预期增长。据预测，由于银的稀缺性，晶体和多晶硅容量将增长达到 2～3TWy。对于薄膜，碲化镉（CdTe）和铜铟镓硒（CIGS）技术中，碲和铟的短缺预计将使得组件容量供应小于 0.1TWy。非晶硅技术中，将电极的化学成分转换为氧化锡铟（ITO）的氧化锌能使容量提升至 10TWy 以上。有一些供应限制将限制集中光伏发电的广泛增长。锗和镓用于聚光光伏（CPV）组件的多结电池。锗（Ge）由于丰度有限将缩短元件容量到约 0.2TWy，而改用砷化镓（GaAs）基板未来有望增长到 1～2TWy。银是常用的 CPV 组件的电极，这将限制容量增长到 5TWy，除非具有相同的性能特性的替代材料被发现。

2.5 光伏企业的可持续发展部门

组织企业对环境可持续性产生反应有不同的策略。在一些组织中，环境健康和安全部门除执行传统的可持续发展角色外，还负责协调生产设施的安全工作。例如，在小型公司中，环境健康和安全部门还将协调遵守环境法规和与监管机构的对接。由于传统的环境健康和安全部门的责任集中在工厂操作上，他们的观点可能因为组件生产对环境影响而变化，而不是因为组件生命周期引起的更广泛的影响。较大的公司有能力安排员工来监督公司的环境业绩。这种方法有助于扩大企业的响应来在组件生命周期中贯彻环境可持续性原则。

展示这种扩展承诺的方法是采取行为守则。行为守则是公司或产业组织制定的公司政策的主张。它是由一个工业组织撰写的，因为它代表了整个行业的大部分思想和承诺，因而具有更大的影响力。当由一个工业组织撰写时，每个参与公司都遵守该行为准则，部分或全部取决于公司的关键举措。

由于光伏行业目前还没有一套行为准则，一些光伏制造商正在寻找其他行业的行为准则作为指导。大多数正在以电子行业公民联盟（EICC）编写的电子行业准则作为指导。该行为准则分为 5 类，包括劳动、健康与安全、环境、管理系统、伦理。该准则力求超越合规性，从而为所有公司提供公平的竞争环境，而不管其业务所处位置如何。劳工实践表明公司愿意避免不公平和不道德的劳动行为，例如童工和不人道的待遇。对健康和安全的承诺通常超出了职业安全健康和安全评估系列（OHSAS）18001 标准的要求，特别是职业安全、机器维护和急救准备。环境承诺通常在国际标准化组织（ISO）14001 合规性中得到证明。该准则还包括遵守适用的环境许可和报告、防止污染、减少有害物质排放、减少废水、限制空气排放和产品内容限制。由于这些大量的需求，大多数公司使用管理系统跟踪一致性并确保纠正措施的实施。最后，伦理范畴需要包括商业诚信、告密者保护和尊重知识产权限制等社会责任。

公众对行为规范的承诺是信任公司对外的环境责任声明，有助于调整公司内部的优先事项。虽然各部门必须遵守守则，但可持续发展部门将与具体部门紧密合作，确保执行（见表 2.4）。

表 2.4　行为准则的类别和可持续发展部门联系的主要部门

类型	合作部门
劳动	人力资源部门
健康与安全	健康安全部门
环境	健康安全和研发部门
管理系统	日常运行和健康安全部门
伦理	人力资源部门

可能最常见的环境指标之一是在采购过程中发生的。可持续发展部门将与采购部门联系，确保原材料从具有环境可持续性的供应商手中购买。这通常需要采取在供应商的合规审计期间验证各种可持续发展指标的行为[38]。共同的标准包括：符合 ISO 14001，遵守环境行为准则，从生产中去除消耗臭氧层的物质，增加产品中的回收量，减少产品中挥发性有机化合物（VOC）含量，减少包装，进行回收操作，公开公司的环境记录。收集所有信息后，需要对响应进行分析，以确定首选供应商。层次分析法（AHP）被认为是组织和确定供应商优先级的合适工具。层次分析法分为三个部分：过程目标、确定最佳行动方案的标准和正在考虑的备选方案。在这种情况下，目标将是确定一个对环境负责的供应商。上述环境指标是选择供应商的典型标准（见图 2.9）。被调查的供应商构成了模型的潜在结果。通过一系列的排名和矩阵代数，可以为每个环境度量建立一个数值权重。使用这些相同的数学程序，供应商的响应可以在数学上进行加权，以便对供应商进行数字识别。在附录 C 和其他引用的参考文献中更详细地解释了层次分析法的过程[39,40]。

可持续发展部门与研发部门的互动通常包括沟通目前和新出现的限制产品中有害化学品浓度的法规要求。这些监管要求取决于新产品的目标市场。在某些情况下，不符合要求的光伏组件会导致进口检验过程中被罚款或被拒绝。因此，一个产品的设计过程中的市场策略和相应的监管限制的审查，是对公司的盈利能力产生直接影响的重要途径。

如前所述，公司的环境生产业绩也受到监督。可持续发展部门负责与制造部门合作，确保加工更改符合法规要求，并符合公司的环境承诺。理想的工艺改变将提高生产效率并减少环境废物。

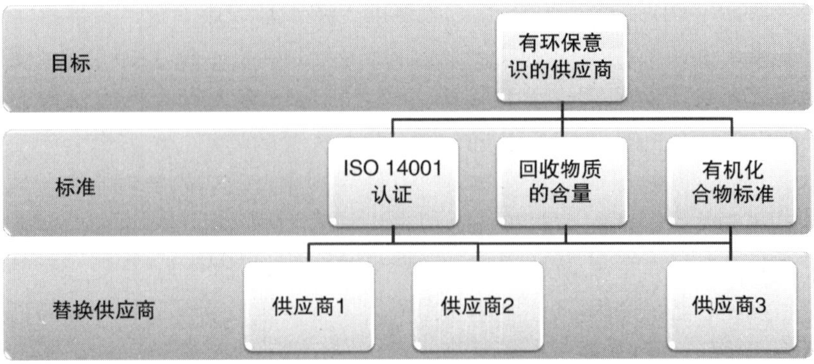

图 2.9　识别环境供应商的层次分析法框图

除了遵照程序外，可持续发展部门通常通过组织有关保护环境表现的对外宣传，发挥营销职能。其中包括与非政府机构、政府机构和客户的交流。

一些批评家认为，可持续发展对于那些没有或者不能生产以绩效为基础的产品的企业来说，是一种营销策略。然而，一些市场调查表明，顾客在购物过程中考虑到可持续性[41-44]，特别是在美国、英国、意大利、法国、德国和西班牙进行了大约 1000 名顾客的市场调查，顾客被要求指出公司的道德、社会和环境声誉是否影响他们的购买习惯。美国（45%）和英国（42%）的受访者几乎相同，他们承认在购买产品或服务之前，他们考虑了公司的可持续性方面的信息。意大利（35%）、法国（34%）、德国（28%）和西班牙（26%）降序排列，是对企业可持续性最具争议的客户[45]。因此，虽然基于地理的影响会有不同，但环境可持续的做法会影响公司的盈利能力。

参考文献

1. Grossman, G., and A. Krueger. "Environmental Impacts of a North American Free Trade Agreement." *Working Paper No. 3914*. National Bureau of Economic Research, Cambridge, MA, November 1991.
2. Cropper, M., and C. Griffiths. "The Interaction of Population Growth and Environmental Quality." *American Economic Review* 84 (1994): 250–254.
3. Pearce, D., A. Markandya, and E. B. Barbier. *Blueprint for a Green Economy*. London: Earthscan Publications, 1989.
4. World Conservation Union. *Caring for the Earth: A Strategy for Sustainable Living*. London: Earthscan Publications, 1991.
5. Holdgate, M. "The Future of IUCN: The World Conservation Union." *Proceedings of a Symposium Held on the Occasion of the Inauguration of the New IUCN Headquarters Gland*. Gland, Switzerland: IUCN, 1993.
6. Lenox, M., A. King, and J. Ehrenfeld. "An Assessment of Design-for-Environment Practices in Leading U.S. Electronics Firms." *Interfaces* 30 (2000): 83–94.
7. Global Reporting Initiative (GRI). *Sustainability Reporting Guidelines*, Version 3. Amsterdam: GRI, 2000–2006.
8. Ehrlich, P. R. *The Population Bomb*. Cutchogue, NY: Buccaneer Books, 1968.

9. Nriagu, J. *Gaseous Pollutants: Characterization and Cycling*, Vol. 24. Hoboken, NJ: Wiley, 1992.
10. Homburg, E., and A. T. Schröter. *The Chemical Industry in Europe, 1850–1914: Industrial Growth, Pollution, and Professionalization*. New York: Springer, 1998.
11. Hamill, S. D. "Unveiling a Museum: A Pennsylvania Town Remembers the Smog that Killed 20." *New York Times*, November 1, 2008.
12. Commoner, B. *The Closing Circle: Nature, Man, and Technology*. New York: Random House, 1971.
13. Commoner, B. "A Bulletin Dialogue on 'The Closing Circle': Response." *Bulletin of the Atomic Scientist* 28 (1972): 42–56.
14. Ehrlich, P. R., and J. P. Holdren. "A Bulletin Dialogue on 'The Closing Circle': Critique: One Dimensional Ecology." *Bulletin of the Atomic Scientist* 28 (1972): 16–27.
15. Kates, R. W. "Population and Consumption: What We Know, What We Need to Know." *Environment* 42 (2000): 10–19.
16. Academy of Sciences for the Developing World. *Sustainable Energy for Developing Countries*. Trieste, Italy: TWAS, 2008. http://twas.ictp.it/publications/twas-reports/SustainEnergyReport.pdf
17. Guide, D. "1.7bn People Live in Darkness." *Modern Ghana*, May 9, 2008. http://www.modernghana.com/news/164812/1/17bn-people-live-in-darkness.html
18. U.S. National Aeronautics and Space Administration Goddard Space Flight Center, Scientific Visualization Studio. *Earth at Night*. Washington: Government Printing Office, 2012.
19. International Energy Agency (IEA). "Financing Access for the Poor." Presented at the World Energy Outlook 2011 Energy for All Conference, Olso, Norway, October 2011.
20. Glas, J. "Protecting the Ozone Layer: A Perspective from Industry" *Technology and Environment*. Washington: National Academies Press, 1989.
21. Molina, M., and F. S. Rowland. "Stratospheric Sink for Chlorofluoromethanes: Chlorine Atom Catalyzed Destruction of Ozone." *Nature* 249 (1974): 810–812.
22. U.S. National Aeronautics and Space Administration (NASA). *Ozone Hole Watch*. Washington: Government Printing Office, 2012.
23. U.S. National Oceanic and Atmospheric Administration (NOAA). *Billion Dollar U.S. Weather/Climate Disasters, 1980–October 2011*. Washington: Government Printing Office, 2011.
24. Hansen, J., I. Fung, A., Lacis, et al. "Global Climate Changes as Forecast by Goddard Institute for Space Studies Three-Dimensional Model." *Journal of Geophysical Research* 93 (1988): 9341–9364.
25. Gilland, B. "Economic Growth and Energy Demand, 1985–2020." *Population and Development Review* 14 (1988): 233–244.
26. U.S. Central Intelligence Agency (CIA). *The World Fact Book Country Comparison: Population*. Washington: Government Printing Office, 2011.
27. U.S. Census Bureau. *International Database: World Population*. Washington: Government Printing Office, June 2010.
28. U.S. Department of Energy (DOE) Energy Information Administration. *International Energy Outlook*, DOE/EIA-D484. Washington: Government Printing Office, 2011.
29. U.S. Department of Commerce, Census Bureau. *Table 1389: Carbon Dioxide Emissions from Consumption of Fossil Fuels by Country, 1990–2008*. Washington: Government Printing Office, 2011.
30. *SimaPro Database Version 2.2*, IPCC 2007 GWP 100a. Amsterdam: PRé Consultants, May 2008.
31. International Energy Agency. *Key World Energy Statistics 2005*. Paris: Soregraph, 2005.
32. Tolcin, A. C. *2010 Minerals Yearbook United States Geological Survey: Cadmium*. United States Geological Survey. Washington: Government Printing Office, September 2011.
33. U.S. Department of Energy (DOE). *Critical Materials Strategy, December 2010*. Washington: Government Printing Office, 2011.
34. Kingsnorth, D. "Lecture on the Global Rare Earths Industry: A Delicate

Balancing Act." Presented at the 2nd Annual Rare Earths and Strategic Metals Conference, Sydney, Australia, February 2012.
35. U.S. Department of Defense (DoD), Office of the Under Secretary of Defense for Acquisition, Technology and Logistics. *Reconfiguration of the National Defense Stockpile (NDS) Report to Congress.* Washington: Government Printing Office, 2009.
36. National Academies. *Minerals, Critical Minerals, and the U.S. Economy.* Washington: National Academies Press, 2008.
37. Feltri, A., and A. Freundlich. "Material Challenges for Terawatt Level Deployment of Photovoltaics." *Proceedings of the 2006 IEEE 4th World Conference on Photovoltaic Energy Conversion*, Vol. 2. 2006: 2469–2472.
38. International Electrotechnical Commission. "Materials Declaration Questionnaires: Basic Guidelines." *IEC Guide 113.* Geneva, Switzerland, 2000.
39. Handfield, R., S. Walton, R. Sroufe, and S. Melnyk. "Environmental Criteria to Supplier Assessment: A Study in the Application of the Analytical Hierarchy Process." *European Journal of Operational Research* 141 (2002): 70–87.
40. Quaddus, M. A., and M. A. B. Siddique. "Modeling Sustainable Development Planning: A Multicriteria Decision Conferencing Approach." *Environment International* 27 (2001): 89–95.
41. Heiskanen, E., and M. Pantzar. "Toward Sustainable Consumption: Two New Perspectives." *Journal of Consumer Policy* 20 (1997): 409–442.
42. Young, W., K. Hwang, S. McDonald, and C. Oates. "Sustainable Consumption: Green Consumer Behavior When Purchasing Products." *Sustainable Development* 18 (2010): 20–31.
43. Laroche, M., J. Bergeron, and G. Barbaro-Forleo. "Targeting Consumers Who Are Willing to Pay More for Environmentally Friendly Products." *Journal of Consumer Marketing* 18 (2001): 503–520.
44. Hsieh, M.-Y. "An Empirical Survey: Can Green Marketing Really Entice Customers to Pay More?" *E3 Journal of Business Management and Economics* 2 (2011): 132–146.
45. Grayson, D., M. Lemon, S. Slaughter, et al. "A New Mindset for Corporate Sustainability: A White Paper Sponsored by British Communications and Cisco." 2008. http://www.cisco.com/cisco/web/UK/pdfs/A_mind_set_for_corporate_sustainability.pdf.

第3章

光伏企业的环境可持续发展指标

光伏组件价格在过去60年中从1979年的每峰瓦51美元（51美元/Wp）迅速下降到2009年的不到2.40美元/Wp[1]。虽然有着显著的减少，但如果光伏能源要成为任何一个国家能源的重要组成部分，光伏制造商都必须继续降低其平均销售价格（ASP）[2,3]。更准确地说，价格必须下降到与电价相平。电网平价的最简单的定义是可再生能源的平准化成本与电网成本的平衡[4-7]。这将需要光伏制造商将其平均出售价格降至约0.5美元/Wp以与使用化石燃料的电价相持平。

生产光伏能源的实际成本不仅仅包括组件的成本。因此，Breyer和Gerlach[8]建议光伏制造商通过计算平准化能源成本（LCOE）来确定其价格指标。LCOE是光伏装置运行费用的函数，包括资本性支出（Capexp）、加权平均资本成本（WACC）、年度运营和维护支出（Opex）及光伏系统的净能源产出（E_{net}）[见式（3.1）和式（3.2）]。还考虑了融资参数，包括权益E、债务D、资产收益率k_E、债务成本k_D、年度保险占资本支出的百分比k_{ins}、年度经营支出占资本支出的百分比$k_{O\&M}$[见式（3.3）]。该表达式以美元/kW计算成本，以便与其他传统能源直接比较。光伏制造商的重点是通过减少安装所需的材料来降低净资本支出，并通过提高其组件效率来最大限度地提高净能源产量[8]。

$$\mathrm{LCOE}=\frac{\mathrm{Capexp}\left[\frac{\mathrm{WACC}(1+\mathrm{WACC})^{N}}{(1+\mathrm{WACC})^{N}-1}+k\right]+\mathrm{Opex}}{E_{\mathrm{net}}} \tag{3.1}$$

$$\mathrm{WACC}=\frac{E}{E+D}k_{\mathrm{E}}+\frac{D}{E+D}k_{\mathrm{D}} \tag{3.2}$$

$$k=k_{\mathrm{ins}}+k_{\mathrm{O\&M}} \tag{3.3}$$

虽然价格必须接近电网平价，但通常想法却是，光伏发电由于其环境属性而通常需要更高的价格。光伏发电是可再生能源技术，运行中二氧化碳排放量为零。这些积极的环境属性相对于传统能源（如煤炭和石油）增加了其价值。因此，只要光伏制造商证明了光伏积极的环境效益，并且客户明确重视这些效益，就可以获得更高的平均销售价格。

可再生能源，特别是光伏组件，比其他产品具有更高的可持续发展标准，因为清洁的可再生能源发电是制造商的核心价值主张。客户通常基于可持续属性来比较光伏组件。光伏制造商被期待做一个承诺来扩大生产者责任和环境可持续性产品供应。他们对光伏客户表示的承诺包括回收和回收计划、组件中的可回收含量以及其产品的全生命周期评估。

3.1 光伏组件未来回收市场

电子和光伏行业具有类似的过程、化学作用和排放问题，因为半导体是两者的核心技术。然而，这两个行业的产业成熟度、产品寿命和废物量存在显著差异。准确地来说，光伏产业不太成熟，但产品寿命更长，浪费更少。即使如此，利益相关方仍有兴趣在这个增长阶段做环境方面的承诺，以避免重复发生在电子行业爆炸性增长期间的有害排放问题。

个人电子产品的短寿命造成电子废物量的大幅增加。这种浪费的积累与设备的不断改进有关，例如更快的调制解调器、更多的内存和内置的相机。这些改进的结果却是减少产品的使用寿命，这不是由于性能问题，而是因为客户想要通过升级到更新的型号来跟上社会趋势。目前，计算机和电视机一般使用 5 ~9 年，而手机平均每 2 ~5 年就会被丢弃。这在 2009 年产生了 519 477t 电视机废物、81 038t 台式计算机废物和 168 180t 手机废物[9]（见图 3.1）。

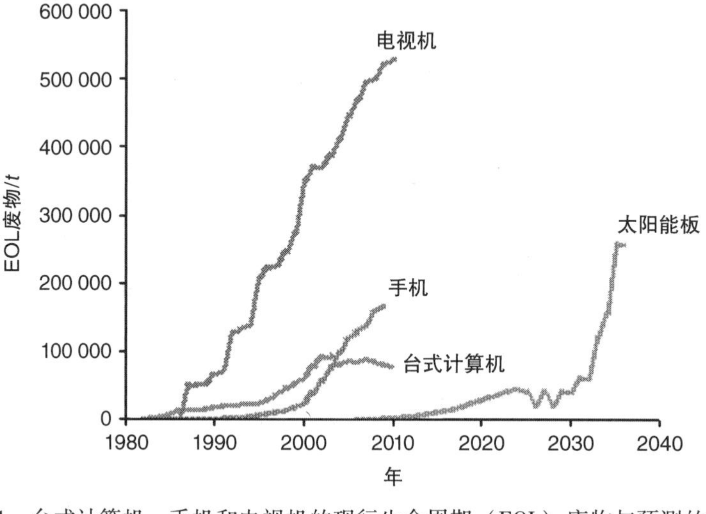

图 3.1　台式计算机、手机和电视机的现行生命周期（EOL）废物与预测的光伏组件的 EOL 废物（来源：美国环境保护局，二手和终身电子产品管理统计数据，华盛顿：政府印刷局，2012 年）

美国环境保护署（EPA）目前估计10%～20%的电子废物（有时称为电子垃圾）都被回收利用。这一小的回收成果归功于在50个州中15个州所执行的电子废物法规。大多数人认为，没有法律强制进行严谨的废物管理，客户将默认采用最简单的处理方式，即将垃圾丢弃到当地垃圾填埋场。在美国，电子废物管理的类型取决于管辖权，通常包括处置禁令或扩大生产者责任（EPR）法规或者两者都有[10]。处置禁令禁止将电子产品与其他类型的家庭废物一起放置在市政垃圾填埋场。EPR在每个州都有所不同，但通常要求制造商支付一定费用来支持国家或社区管理的回收计划。或者，一些EPR法规要求制造商开展回收计划。由于在美国发展了广泛的电子废物回收市场，这一法规取得了成功。

与电子技术相比，光伏产业没有经历相同的废物积累过程，因为它们具有更长的预期使用寿命（25～30年）。鉴于光伏废物量很低（2010年为2534t），因此没有吸引光伏回收商的商业激励。此外，行业的不成熟意味着对于管理EOL光伏组件几乎没有历史知识和最佳做法。直到2035年，EOL光伏组件将增长到10万t以上。理想情况下，到那时候，这个数量将会成为一个适当的市场诱因来吸引更多的回收中心和专家进行光伏回收利用。

今天对EOL回收的书面承诺是光伏制造商与客户和金融家开展业务的日益增长的要求。这些要求在欧盟（EU）中尤为普遍，约占全球光伏装机容量的90%[11,12]。截至2010年10月1日，德国贷款机构——复兴信贷银行（KfW）要求光伏制造商做出书面回收承诺，以确保对其融资的所有大型设备收集和回收EOL光伏组件。这些要求使得光伏制造商在有适当的经济规模之前面临更大的压力来开发回收利用计划，这将使回收利用成为一个有吸引力的商机。

3.2 光伏组件回收技术

各种太阳电池技术中使用了一些常见的元件。玻璃（76.0%）、铝（11.0%）和聚合物（6.7%）占了最高重量百分比[13,14]（见表3.1）。这些常见材料要求所有制造商都使用某些回收工艺，而不考虑电池的化学性质。

表3.1　1983年和2000年制造的双玻璃光伏组件中所含材料的重量百分比

材料	1983年组件中组成（wt%）	2000年组件中组成（wt%）
玻璃	65.8	76.0
铝	17.5	11.0
聚合物	10.4	6.7
电池	2.9	2.2
接线盒	2.3	1.2
铜	1.0	0.7

来源：Gesellschaft fur Sonnenenergue，D. 规划和安装光伏。系统：安装指南，第2版。伦敦：Earthscan，2008。

组件装配的微小变化使得光伏制造商在过去 20 年中对于一个成功的回收计划的定义存在偏差。在 2000 年，按每单位重量计算使用了更多的玻璃，并且与 1983 年制造的组件相比，所有其他材料的量减少了。当以每单位重量进行评估时，现在一个成功的回收计划将包括高比例的玻璃。然而，在保证收入的基础上，从框架和电池中回收金属是优先选择的。光伏制造商正在努力寻找方法来优化对废水的回收过程。

任何成功的回收过程的第一步是分离。完全分离的材料具有最高的价值，因为在将材料再加工成另一种产品之前不必去除污染物。在最高分离级别，组件分为接线盒、铝框架和层压板（见图 3.2）。接线盒中使用的塑料和电线可以出售和回收用于其他产品。铝框可以作为废金属去除和出售。

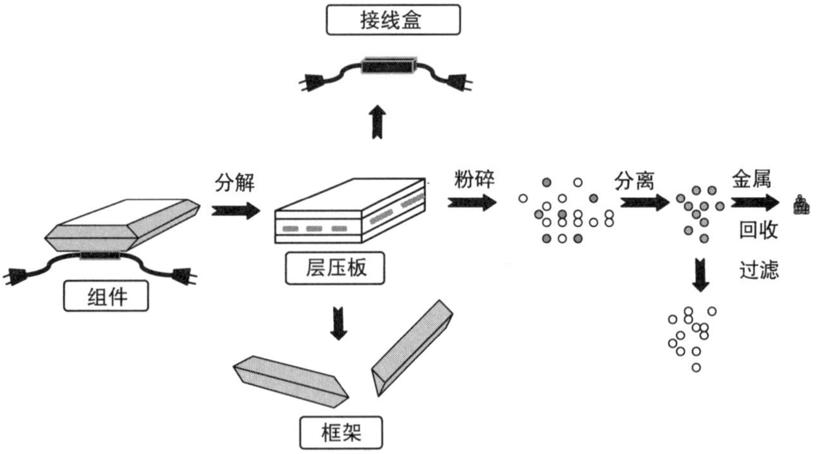

图 3.2 回收光伏组件的主要处理步骤

虽然上述元件可以进行物理分离，但是层压板需要更多的能量和化学密集的分离方法。回收太阳电池的第一步是将层压板切成较小的碎片。将层压材料切碎以增加暴露材料的表面积并提高附加化学处理的效率。最常见的粉碎方法是研磨，而较不常用的高精度工艺是喷水切割。还有一些其他技术，如微波分层、热线切割和激光束切割，也已经被研究，但不是常见的工业操作。

为了回收高价值成分（例如金属和玻璃），密封剂必须被干净地去除。热解和化学剥离是最常见的分离技术。每个分离技术都有自己的环境方面的缺点，但最终，该技术是基于分离和处理成本的效率来选择的。

在热解过程中，层压板被加热直到密封剂从玻璃上燃烧。大多数聚合物密封剂在约 300℃（573.15K）下软化，并在 500℃（773.15K）时分解成气态副产物。为了最简化加工步骤，一些制造商选择避免研磨而是直接热解层压板。该方法的唯一缺点是完整的层压板的热质量很大，需要很大的热量。热解后，玻璃可以与光伏电池分离，形成两个独立的再循环流，一个用于玻璃，另一个用于电池。

化学剥离的高效进行需要粉碎材料。化学分离使用强酸（例如硝酸或硫酸）来溶解密封剂。环境方面的缺点是在过程结束时必须处理大量化学废物。其他技术，例如蚀刻、密度分离和静电分离都已被尝试作为替代方案，但大多数制造商尚未成功实施。

组件回收过程中的差异发生在电池充电的过程。太阳电池金属回收的两个主要方法是火法冶金（又名高温）和湿法冶金（又名氢化）工艺。高温过程需要大量的热量来分离两种材料。从矿物和金属矿石纯铁提取铁、铜、锌、铬、锡和锰是高效率的方法。水冶过程是根据要回收的特定金属选择溶剂进行萃取。该过程由要分离的元素的量、期望得到的纯度及其化学性质相似性所决定。水冶过程通常用于太阳能行业。

3.2.1　晶体硅组件的回收

受损的硅碎片和完整的硅电池都可以回收利用。受损的电池通常被熔化并重结晶成锭以用于再加工[15]。相比之下，如果使用与原始材料相同的加工步骤，可以将完整的电池再加工成功能良好的光伏组件（见1.2.1节）。后者是更佳的回收选择，并已取得成功。太阳电池公司（得克萨斯州休斯敦）能够使用惰性气体热解从晶体硅层压板回收完整功能的电池。层压电池具有12.8%的效率，在回收和再包封后降至10.7%[16]。

3.2.2　碲化镉组件的回收

大多数碲化镉（CdTe）组件是无框架的，并且必须用锤磨机切碎来回收光伏电池。过滤器捕获在切碎期间产生的任何小电池碎片，之后会被纳入金属回收过程。

用于碲化镉电池的水冶过程已经开发出来了。首先，玻璃基板需要进行化学分离。硫酸和过氧化氢浆液冲洗破碎的玻璃以分离金属。干净的玻璃通常被回收用于施工应用（例如，管道填充和铺路面制剂）中，而金属浆料则被送去进一步纯化。浆料通常与过滤的金属碎片组合以在半导体层中回收镉和碲。镉萃取过程涉及浸出、氧化和还原反应、选择性沉淀、过滤、电解提取、胶结和离子交换。镉去除后，最后一步是碲萃取。碲被离子色谱分离。然后回收的材料被锌或铁金属还原并沉淀。这些过程产生可以在光伏电池制造中重复使用或出售用于其他应用的镉和碲的滤块[17]（见图3.3）。

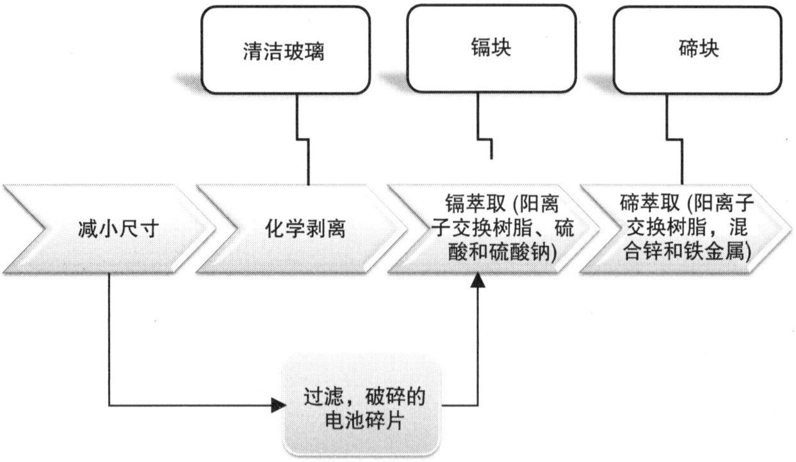

图 3.3　碲化镉电池回收的处理步骤和输出

3.2.3　铜铟镓硒组件的回收

类似于所有其他技术，铜铟镓硒（CIGS）层压板在化学剥离之前被切碎。一旦从层压板中收获了电池，就用硫酸和过氧化氢的混合物从玻璃基板上剥离半导体金属。这产生一种浆料（见图 3.4）。玻璃被回收，而浆料需要进一步处理以净化所需的贵金属。

已经为 CIGS 电池设计了一套独特的水冶处理步骤。当二氧化硫还原时，硒从浆液中沉淀、过滤并分离出来。接下来，当与硫酸和硫酸钠反应后剩余的浆料通过离子交换树脂时，铜被除去。石油醚和二（2－乙基己基）磷酸（D2EHPA）的共溶剂被使用进行液体萃取除去铟。用盐酸分离铟，用氢氧化钠沉淀形成氢氧化铟[$In(OH)_3$]，并用电沉积纯化。最后，用氢氧化钠形成氢氧化镓[$Ga(OH)_2$]来分离镓。镓可以通过电解、结晶或区域熔化进一步纯化[18,19]。

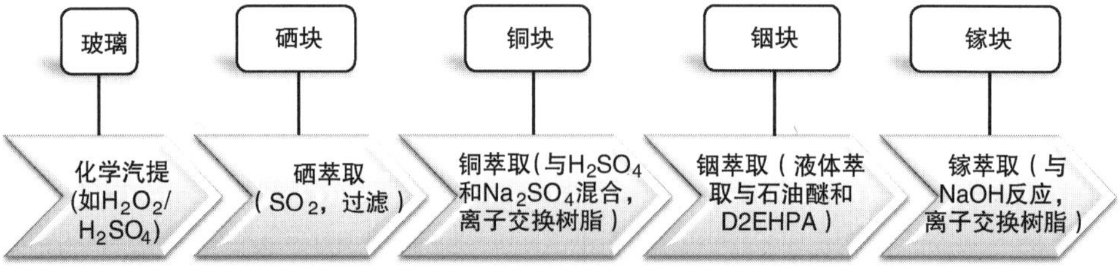

图 3.4　CIGS 电池回收的处理步骤和输出

3.3 组件回收的成本

大多数光伏制造商单独承担回收不合格和退回组件的负担。不同的形状因素、建筑材料和电池化学阻止了行业有效地结合其回收利用流程并参与成本分摊。此外，行业不成熟和行业内的激烈竞争使一些参与者注意到，目前的制造商未来会没有偿还能力。因此，他们可能不会处理自己的 EOL 组件。回应声称，一些制造商已经致力于为未来的回收承诺提供资金。最强大的模式是将这些资金放在远程账户中，以确保资金的可用性，而不去计较制造商的偿付能力如何。然而，并不是所有的制造商都能够达到这个标准，因为他们认为这样做会不必要地增加运营成本并降低其竞争力。相反，他们通过将资金投入没有限制的账户来为未来的回收获取利息。

回收不合格组件对大多数制造商来说并不是有利可图的过程。利润的简单方程是总收入减去总成本，即

$$利润 = 总收入 - 总成本 \tag{3.4}$$

总收入是回收产生的所有收入的总和［见式（3.5）］。一些简单的示例可能包括来自组件转售（例如，框架、接线盒等）和客户费用的收入：

$$总收入 = 所有收入之和 \tag{3.5}$$

$$收入 = 组件转售 + 客户费用 \tag{3.6}$$

总成本是回收期间执行的每个处理步骤的回收费用的总和［见式（3.7）］。费用则包括如消耗材料、能源账单、劳动力、运输、回收设备和建筑物租金［见式（3.8）］。目前的成本超过了大多数制造商的收入，因为从太阳电池中回收能源关键元素（ECE）所需的回收材料的产量低而且专门的回收技术昂贵。

$$总成本 = 每个处理步骤的成本之和 \tag{3.7}$$

$$一个处理步骤的成本 = 消耗材料 + 能源账单 + 劳动力 + 运输 + 回收设备 + 建筑物租金 \tag{3.8}$$

一旦产量增加，光伏回收最终将变得有利可图。回收利润由市场决定，但回收成本则由光伏制造商控制。在低废物量的情况下，制造商通常与当地的电子废物回收商签约。最终，他们的不合格和退货组件将达到保证内部试点规模操作的水平。一旦光伏回收中心达到试点规模（20000t/年），运输（约 63%）和加工（约 32%）的成本最高，其次是资本投资（约 5%）。成本最高的步骤将随着经济规模而下降。各种经济计算已经被提出用来预测在规模变大过程中如何降低回收成本[20,21]。

学习曲线（也称为经验曲线）是用于适应价格或成本与生产量变化的数学

表达式[22,23]。该方程式表明经济学与技术进步之间有很强的关系。在应用于这种情况下，在将来的某个时间 t，回收成本是初始回收利用成本 C_o 乘以累加回收产品 X 的 $-L$ 次方的函数，L 也被称为学习或经验指数：

$$C(t) = C_o X^{-L} \tag{3.9}$$

一种替代的学习曲线已经被提出用来拟合不穿过原点的功能。在这个替代方程中，未来成本 $C(t)$ 等于楼层成本 F_o，其不能通过增加经验、初始成本、某个未来时间 t 的累积容量 $X(t)$、初始容量 $X(t_o)$ 和学习指数 L 来减少［见式(3.10)］。

$$C(t) = F_o + C_o\left[\frac{X(t)}{X(t_o)}\right]^{\ln(1-L)/\ln 2} \tag{3.10}$$

大多数学习曲线都是负增长，表明随着累积产量的增加，成本下降。然而，有一些文献显示，积极的学习曲线代表成本增加，产量增加。在这些情况下，由于性能要求和额外的处理步骤，成本增加量超过了流程效率和材料成本降低。此外，竞争性定价和利润最大化可能会导致生产增加时曲线斜率的不可预测的变化。这使得为了制定准确的预测，从相关回收程序获得一些初步数据至关重要。

为了消除判断分层成本的需要，一些制造商比较学习曲线以找到进度比(PR)。进度比比较了累积生产在规定时间内加倍的学习曲线［见式（3.11)］。例如，如果进度比为 83%，则回收量每增加一倍，成本将下降 27%：

$$\mathrm{PR} = \frac{C_o(2X)^{-L}}{C_o X^{-L}} = 2^{-L} \tag{3.11}$$

当只有短时间内的信息可用时，进度比是估算成本降低的有效方法。

假设光伏制造商的产量每年翻一番，并将上述学习指标应用于现在的普遍的回收成本 RC_o，则可以预测未来的回收成本 $\mathrm{RC}(t)$［见式（3.12)］。如今正在加速生产的制造商保证其产品可以使用 25 年。这意味着最大的回收量将发生在至少 25 年后。基于这些假设，未来的回收成本将达到每瓦特百分之几，这意味着目前的制造商只需要预留几美元来支付 EOL 组件的未来回收成本。

$$\mathrm{RC}(t) = \mathrm{RC}_o(t)^{-L} \tag{3.12}$$

例子：

$$\mathrm{RC}(t) = \mathrm{RC}_o(t)^{-L}$$

$$t = 25\ \text{年}$$

$$\mathrm{RC}_o = 0.19\ \text{美元/W}$$

$$L = 83\%$$

$$\mathrm{RC}\ (25\ \text{年}) = 0.013\ \text{美元/W}$$

$$200\mathrm{W}\ \text{组件板子} \rightarrow 2.60\ \text{美元}$$

该模式不适用于通货膨胀的情况。

如果制造商认为这些预计成本不可接受，确定哪些回收过程需要优化才能进一步降低成本是有帮助的。利润率（PER）可用于确定最重要的流程改进领域［见式（3.13）］[20]。PER是组件收入的百分比除以处理金额的百分比，即

$$PER=组件收入的百分比/处理金额的百分比 \tag{3.13}$$

PER可以应用于所有组件；然而，贵金属通常具有大的PER，表明少量回收可以获得大量收入。一些光伏制造商专注于使用技术来有效地回收和净化其能源关键元素；不幸的是，大多数人不愿意分享学习，因为这些材料和工艺是其核心技术的一部分。

3.4 工业联盟：行业对回收的回应

少数光伏制造商不愿意承担内部回收的费用，同样不愿意向公众提供该组件的组成，以确保可以进行适当的调整。这造成了一些制造商和有关参与者之间的僵局。破除这种僵局的一个选择是发展一个工业联盟，参与者同意有限地披露其组件的组成，以便于收集和处理EOL组件。

欧洲的光伏产业一直积极主动地发展这样一个联盟。因此PV Cycle出现了，这是一个有兴趣为所有光伏组件开发收回和回收计划的工业合作伙伴联盟。成员包括光伏制造商、光伏进出口商、协会、研究机构、批发商、系统集成商、电气承包商和电池制造商。但是，光伏制造商的会员比例最高。截至2010年，PV Cycle声称占欧洲光伏产业总量的90%，并鼓励组件制造商成为完全符合标准的成员。作为完全符合标准的成员，制造商必须签署参与协议，支付费用，并提供有关其组件构造和生产量的信息。PV Cycle正在整个欧洲建立收集和回收站点，以便业主可以免费存入其组件进行回收。考虑到组件的使用寿命长，一个重要的程序指标是回收率，而不是回收组件的收集速率。大多数制造商的目标是回收率高于85%。

3.5 环境管理体系

环境管理体系（EMS）是一个组织框架，用于用系统和具有成本效益的方式有效地解决监管和环境问题。该框架在执行确定阶段（包括承诺和政策制定，规划，实施，评估和审查）之后，预期会持续改进。审查过程结束后，可以根据初步经验修改承诺，并重新启动阶段（见图3.5）。

经过认证的EMS是参与方确保制作环保产品的机制。光伏用户购买组件和光伏制造商从供应商处购买原材料时需要验证EMS的证明。一些国际组织制定了协议和认证计划，以协助公司开发和执行其EMS。

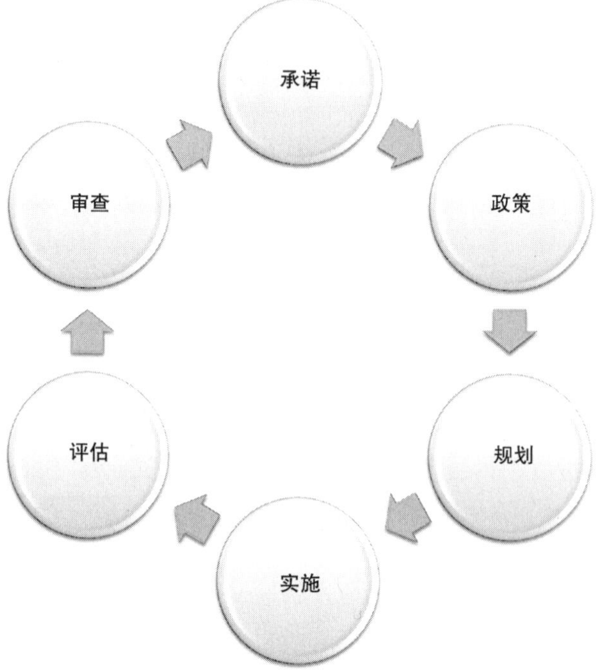

图 3.5　环境管理体系的步骤

3.5.1　国际标准化组织认证

国际标准化组织（ISO）是一个以制定和分配标准而闻名的非政府机构。编号为 14000 ~ 14099 的一系列 ISO 标准与环境特征和信息传递相关联[24-40]。这些可以细分为与组织相关的标准，如环境管理，审计和绩效指标，以及涉及产品的标准（例如，生命周期评估和生态标签）。这些标准被开发用于一系列工业操作和材料。它们也常用于光伏行业（见图 3.6）。

客户认可 ISO 14001 认证，作为环保认可的商业惯例的第三方验证，可以使公司在其市场营销文献中的声明可信。总体目标是通过提供制造商流程的第三方批准来改进流程、节省成本和改善形象。如果实施有效果，EMS 将确保公司决策会实现最大化利润和积极的环境影响。

对于有兴趣实施 EMS 的新组织，开始是评估当前的企业活动。每个活动都会产生对环境方面的影响。在分析中必须考虑所有活动，无论活动是如何得微不足道。例如，从供应商那里采购材料是一种活动，该方法产生的影响是丢弃用这些材料接收的塑料包装（见图 3.7）。其影响是在垃圾填埋场中产生高浓度的包装材料。但是，每个活动都有多个方面和影响。与采购材料相关的其他方面是生

图 3.6　与光伏制造商最相关的 ISO 标准的结构

成所有进入材料的纸张记录以及装载码头上的运输卡车释放的排放量。相关影响分别是废纸的产生和二氧化碳排放量的增加。应检查所有业务活动，但大多数调查应集中在制造业活动中，因为这些活动在空气、水和土壤中的污染物排放量最大。

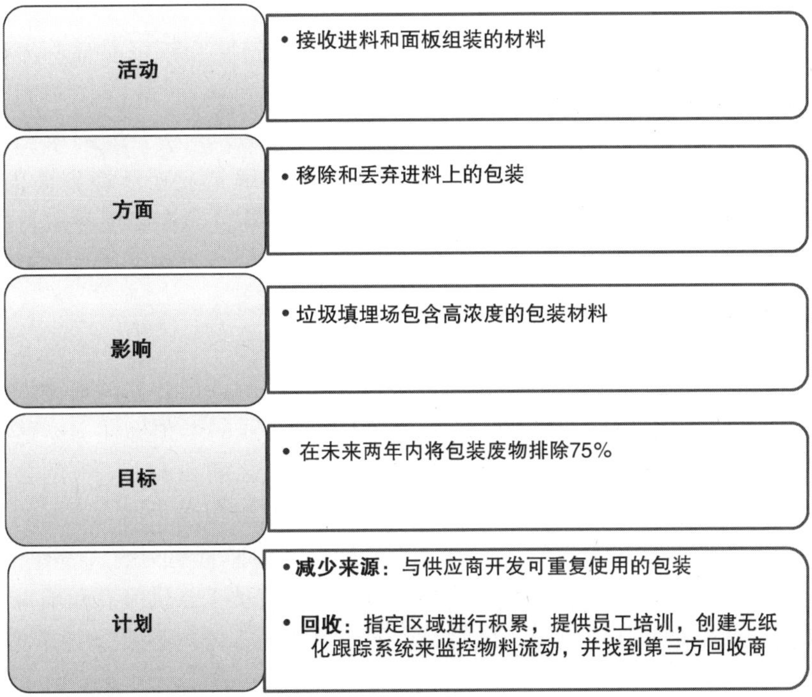

图 3.7　ISO 14001 分析示例

在对环境方面的影响调查完成后，针对环境问题最大的领域制定关键目标。最令人担忧的方面是由环境的严重性和事件的可能性来确定的。每个方面都有一个分数，生成对环境有害的活动的排名。目标和里程碑将产生来改善排名最高的活动的影响。一系列旨在实现目标的活动构成了一个方案。回到之前的例子，处理塑料包装产生的废物是环境影响最大、发生可能性最大的一个方面。目标是在未来两年内回收75%的包装废物。减排和循环利用方案将会实现目标。

目标最好通过一个集中的小组、规定的时间表和对执行管理的问责制度来实现。大多数公司成立了一个重点突出的跨部门团队，通常由可持续发展部门的成员组成。该团队负责遵守日历上的规定日期。此外，必须制定一个文件系统来获得经验、演示进度和简化审核过程。该计划应每年与执行管理层一起审查和更新。

这些目标必须体现在企业环境政策中。企业环境声明旨在为环境保护提供外部承诺。该声明用于指导企业的理念和程序。公开声明必须至少包括遵守对美国联邦和地方法规的承诺；然而，它也应该代表更加雄心勃勃的环保目标。例如，大多数公司政策提出了不断改进和领导的理想声明。这些目标通常编入较大的公司声明或与公司质量声明混合。例如，First Solar公司（亚利桑那州坦佩）不断推行公司对环保法规和保护的承诺。公司使命宣言是“通过实现清洁、可负担的光伏电力的世界来创造持久的价值”[41]。

最后，即使一个团队对过程负责，所有公司的员工和承包商都必须接受教育并准备为公司承诺做出贡献。可以联系各种独立的组织机构（例如，德国莱茵TÜV，德国科隆），以验证ISO 14001的合法性。为了达到第三方ISO 14001认证，随机采访员工，以确保他们知道和了解企业在环境方面的政策。成功的审核包括向雇员解释他们的工作职能如何影响公司在实现政策目标方面的进展。

3.5.2 生态管理和审计计划

生态管理和审计计划（EMAS）是欧洲更受欢迎的认证计划，它被认为是比ISO 14001更强大的认证。具体来说，它需要增加实践的可预见性、索赔的可靠性、整个组织的责任感和持续的性能改进。通过关于当前和未来工作的公开对话以及至少一份描述当前业绩的年度报告来展示了更多的可预见性。索赔的可靠性是指经认证的环境验证者和公共机构（通常来自当地监管机构的代表）的验证。在EMAS审计期间对组织之间的责任进行调查。所有员工、供应商和承包商必须证明他们有助于企业环境政策。最后，为了获得认证，公司必须提供持续改进环境绩效的证明。

3.6 生命周期评估介绍

确定整个生命周期管理的整体方法，是确定组件生命周期环境影响的最佳方法。该方法需要从一开始就处理组件的所有环境要求。考虑到材料的复杂性、加工步骤的数量以及在其生命周期内与组件接口的各种个人和组织，这是一个重要的会计工作。尽管进行评估需要时间投入，但大多数公司认为这是一个有用的做法，因为环境改善可以降低运营成本，并产生竞争优势。

可以通过一个例子来了解该方法的复杂性。典型的生命周期评估（LCA）量化了组件制造、运输、安装、使用、移除和处置所使用的材料和工艺的环境影响和特性（见图 3.8）。组件的生命周期从设计过程开始。可持续设计将避免包含受限制的危险化合物，同时包括有助于再利用和回收元件[42]。设计确定后，需要选择材料，光伏制造商将开始从材料供应商处购买元件。元件和组件制造需要包括水、材料和能源在内的环境资源，以及制造工艺过程需要收集的在空气、水和土壤中的排放。组件运输到现场，并使用电气和机械 BOS 元件进行安装。最后，在使用寿命结束时，将组件从安装地点移除并运送至回收商处。组件被拆卸并分离成特定材料的回收流，来生产新产品。这种情况是大多数制造商渴望但很少能实现的理想闭环设计。

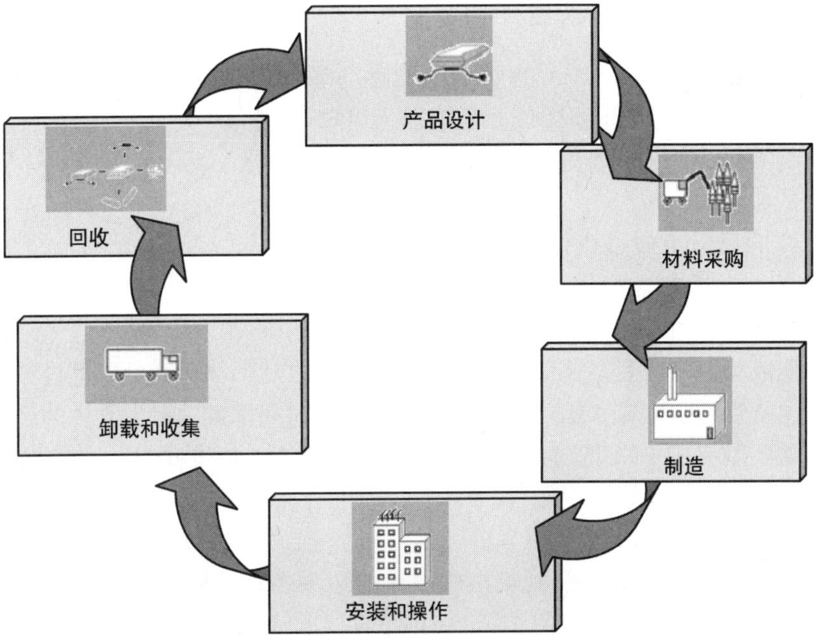

图 3.8　典型光伏组件的产品生命周期

LCA 可以帮助公司把握机会，同时改善环境和利润。LCA 指出了产品设计在能源消耗、材料使用和环境排放方面的缺点。解决环境问题通常会通过降低运营和生产成本来改善经济状况。例如，降低加工过程中使用的能量可以同时降低制造商的能源费用，并减少碳足迹。过程能量最小化的一种方法是消除过程。举个例子，如果传统上出售框架式光伏组件的公司引入了一个新的无框架组件。新的无框架组件可以减少材料使用，并消除框架步骤，从而减少框架制造和组装的资源需求。

有各种类型的 LCA。最常见的两种是会计和变化效果。会计 LCA 用于评估单个产品或操作，而变化效果 LCA 用来衡量产品或操作之间的差异。会计方法通常用于光伏行业，这将成为本书的重点。

LCA 从确定项目的目标或范围开始，之后边界条件定义了评估中将包括的内容。紧随其后，进行库存分析来收集所定义边界中包含的所有资源和排放的数据。对发现数据进行影响评估，并对结果进行解释。针对负面的环境影响做出最佳的行动，来确保持续的环境改善（见图 3.9）。

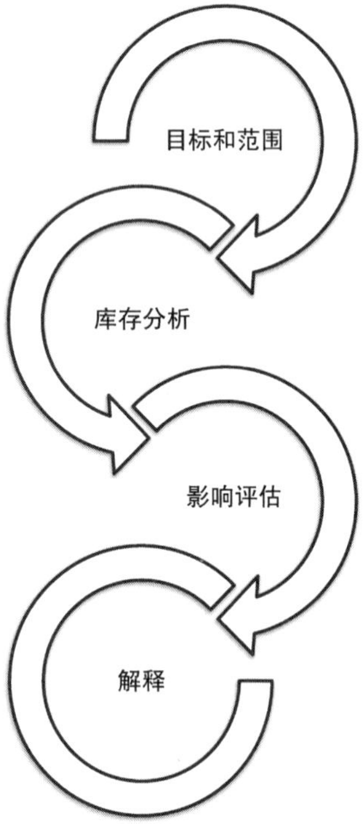

图 3.9 生命周期评估中的步骤

3.6.1 生命周期评估的目标和范围

执行者和委托人是 LCA 的两个主要参与者。执行者是内部员工或外部顾问，负责执行 LCA。委托人是需要 LCA 的参与者。例如，委托人可以是聘用从业者的公司。

LCA 的目标是通过执行者和委托人之间的讨论协同开发。通常，委托人将设定模糊的目标，例如“我想要一个 LCA”。执行者将把这些模糊的目标发展成为行动项目。例如，在与委托人对话之后，执行者可以通过某些制造流程和出货到特定国家来缩小目标，以在特定的时间框架内考虑具体的产品。缩小范围将限制完成 LCA 的时间和费用。最重要的是，必须就 LCA 的范围达成协议，以便双方了解分析的局限性。

边界条件

每个 LCA 计算的解释受到模型中引用的边界条件的限制。如果边界条件太窄，测量将低估产品对环境的影响；相反，如果边界条件太广泛，则计算可能变得巨大。例如，为了组装框架组件，从供应商处购买预制铝框架。铝框架是由供应商使用钢制机器模制而成的。大多数执行者将在供应商处收到的预制铝框架上创建边界。然而，也可以扩大边界条件，包括铝框架的供应商；因此，必须包括用于制造框架机器的钢和组件框架中使用的铝。如果这个边界进一步扩大，需要把设备制造商使用的设备的钢材也包括在框架机器里的钢材中（见图 3.10）。正如你所看到的，这可以迅速增加评估的范围。因此，要确保所有过程都包含在内并不重要，更重要的是，执行者要提供在计算中使用边界的透明度。

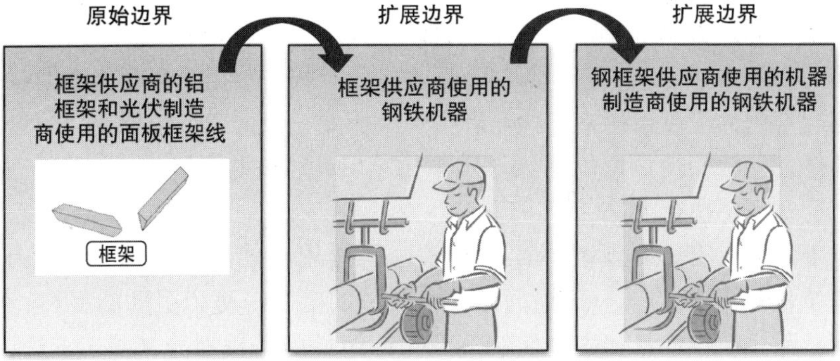

图 3.10　扩展边界条件所需的扩展逻辑

LCA 通常指评估中使用的边界条件。例如，栅极到栅极 LCA 包括从供应品进入装运码头直到组装好的组件离开码头时，组件制造商所需要的资源。摇篮到栅极 LCA 是指矿物提取，矿物形成组件，从供应商到光伏制造商的运输以及元件组装到光伏组件中的所有过程。一旦组件离开制造商的运输码头，分析就会停止。摇篮到终点 LCA 包括提取矿物质、加工成零件、运输零件、装配到组件中、运输到客户、现场安装、EOL 卸载和处理等流程。一个同样具有包容性并且更理想的方法是称为摇篮到摇篮 LCA 的闭环评估。该 LCA 将包括所有先前概述的过程，除了 EOL 组件将被回收用于其他过程（见图 3.11）。

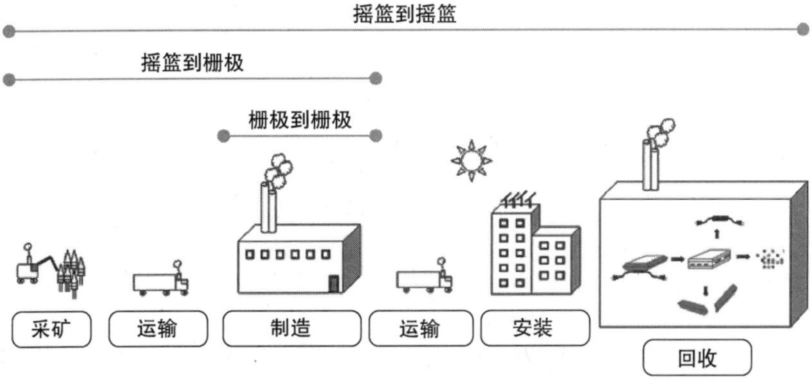

图 3.11　光伏组件的寿命周期

3.6.2 生命周期清单

边界定义了包含在评估中的装配。必须收集每个装配的资源投入、过程效率和环境排放量的数据。对于光伏制造商来说，装配通常包括电池制造、组件生产、运输、安装和回收或处置[43]。生命周期清单（LCI）由每个装配产生的材料使用、能源使用、运输距离和排放组成。

数据收集是LCA流程中最耗时的部分。LCA执行人员与业务部门、制造部门、采购部门和环境卫生安全部门合作收集所有相关数据。在收集数据时一般以其他部门常用的计量单位来向执业者报告。例如，根据工厂经理支付的每月费用中的单位，能源消耗量可以用天然气单位（kcal）和电能单位（kWh）来表示。但是，这些不是执行LCA所需的单位。

对于LCA，有必要规范库存数据。这是使用功能单位完成的。对于光伏，功能单位是m^2，因为客户购买的是每个区域的电力。每个组件的材料、能源使用、运输距离和排放量都由光伏制造商生产组件的面积划分（见表3.2），包括成品和不合格废料。通过加入总生产组件，工厂效率自动包括在计算中。

表3.2 光伏LCA的库存类别、说明和常用单位

库存类别	说明	单位
材料	每年工厂每平方米生产光伏组件购买的材料	kg/m^2
能源	每年工厂每平方米生产的能源使用总量	kWh/m^2
运输	每年工厂生产每平方米材料运输质量以及从供应商到光伏制造商或从光伏制造商到安装地点的距离	$kg\cdot km/m^2$
排放	每年工厂每平方米生产进入空气、土壤和水中的排放量	kg/m^2

玻璃例子：

$$产能 = 50\mathrm{MWp}/年$$

$$组件面积 = 1\mathrm{m}^2/组件$$

$$组件峰值输出功率 = 150\mathrm{Wp}/组件$$

$$玻璃的购买量 = 400\,000\mathrm{kg}/年$$

$$\left(\frac{50\,000\,000\mathrm{Wp}/年}{150\ \mathrm{Wp}/组件}\right) = (333\,333\ 组件/年)(1\mathrm{m}^2/组件) = 333\,333\mathrm{m}^2/年$$

$$\left(\frac{400\,000\mathrm{kg}/年}{333\,333\mathrm{m}^2/年}\right) = 1.2\mathrm{kg}/\mathrm{m}^2$$

电网电力例子：

$$产能 = 50\mathrm{MWp}/年$$

组件面积 = $1m^2$/组件

组件峰值输出功率 = 150Wp/组件

从电网购买用于光伏工厂的电力 = 150 000kWh/年

$$\left(\frac{50\ 000\ 000\text{Wp/年}}{150\text{Wp/组件}}\right) = (333\ 333\ \text{组件/年})(1\text{m}^2/\text{组件}) = 333\ 333\text{m}^2/\text{年}$$

$$\left(\frac{150\ 000\text{kWh/年}}{333\ 333\text{m}^3/\text{年}}\right) = 0.45\text{kWh/m}^2$$

运输例子：

产能 = 50MWp/年

组件面积 = $1m^2$/组件

组件峰值输出功率 = 150Wp/组件

玻璃的购买量 = 400 000kg/年

玻璃工厂到光伏工厂的距离 = 3000km

$$\left(\frac{50\ 000\ 000\text{Wp/年}}{150\text{Wp/组件}}\right) = (333\ 333\ \text{组件/年})(1\text{m}^2/\text{组件}) = 333\ 333\text{m}^2/\text{年}$$

$$\left(\frac{400\ 000\text{kg/年}}{333\ 333\text{m}^2/\text{年}}\right) = 1.2\text{kg/m}^2$$

$$(1.2\text{kg/m}^2)(3000\text{km}) = 3600(\text{kg}\cdot\text{km})/\text{m}^2$$

排放例子：

产能 = 50MWp/年

组件面积 = $1m^2$/组件

组件峰值输出功率 = 150Wp/组件

光伏工厂排放的固态玻璃废物 = 200kg/年

$$\left(\frac{50\ 000\ 000\text{Wp/年}}{150\text{Wp/组件}}\right) = (333\ 333\ \text{组件/年})(1\text{m}^2/\text{组件}) = 333\ 333\text{m}^2/\text{年}$$

$$\left(\frac{200\text{kg/年}}{333\ 333\text{m}^2/\text{年}}\right) = 0.0006\text{kg/m}^2$$

执行人员可能无法从内部部门或外部供应商那里获得某些库存投入。例如，执行者将需要获得在组件框架中使用铝所需的能量。这种能量被称为铝的体现能量（EE）。在这种情况下，大多数执行者咨询数据库以查找所需的信息。

许多计算机程序可用于帮助执行者生成 LCI。在选择软件包和随附的数据库之前，先考虑工厂的位置和材料来源是很重要的。Ecoinvent、富兰克林、碳和能源清单（ICE）和美国国家清单是 LCI[44] 四个最常见的数据库（见表 3.3）。每个数据库都具有特定区域性的信息，因此，正确的数据库选择对于创建有意义的 LCA 至关重要。例如，每个国家拥有不同的使用可再生能源和不可再生能源的电网。因此，清单数据库必须包含与材料供应商和组件制造商所在的位置相关的数据。

表 3.3　常见的 LCI、说明和地理位置

LCI 数据库	说明	相关地理位置
Ecoinvent	包括在 SimaPro 软件中并且包括广泛的光伏数据库	欧洲
富兰克林	富兰克林指美国咨询机构	北美洲
碳和能源清单	由巴斯大学维护，包括各种建筑材料的铝的体现能量	英国
美国国家清单	NREL 负责美国国家清单	北美洲

分配

尽管小心绘制了边界条件，但是一个过程可能有多个产物流入或流出。例如，工厂可能要生产多个产品，或者多个过程可能产生多种废物排放。分配确保一个产品不会因工厂的整个运行要求或排放而受到不公正的惩罚。分区是会计 LCA 中最常用的分配方法。例如，如果光伏制造商生产多种类型的光伏组件，则使用一个组件类型的年产量的百分比乘以每年的资源使用量来分配该产品线的资源需求。

分配例子：

Ⅰ代组件 = 产量的 86.3%

Ⅱ代组件 = 产量的 13.7%

年度天然气总消耗量 = 44 144 000 ft^3 ㊀

用于Ⅱ代组件生产所消耗的天然气量 = 0.137 ×（44 144 000 ft^3）= 6 047 728 ft^3

3.6.3　生命周期影响评估

库存数据必须转换为可以允许用户确定产品引起的环境影响的排放和资源需求。到目前为止，数据以库存单位记录。例如，使用每平方米的制造模块中消耗的千瓦时的能量为单位（kWh/m^2）来记录能源的使用。根据相关影响类别，选择数据库将库存数据转换为所需的冲击单位（见图 3.12）。其中有多个影响类别，但全球变暖潜能和一次能源使用是光伏发电的两个最重要的影响类别[45,46]（见表 3.4）。

基于相关影响类别选择特征模型。该模型将库存数据从库存单位转换为冲击单位。例如，关注能源使用，利益的影响类别将是一次能源使用，特征模型将是可持续能源需求（CED），它将库存数据的库存单位（kWh/m^2）转化为影响单位（MJ / kW）。对于碳足迹，影响类别是全球变暖潜势（GWP），特征模型是政府间气候变化专门委员会（IPCC）模型。对这些模型的产出进行了计算，使得执行者能够评估环境影响，如能源回收时间和碳足迹。

㊀ 1ft = 0.3048m。

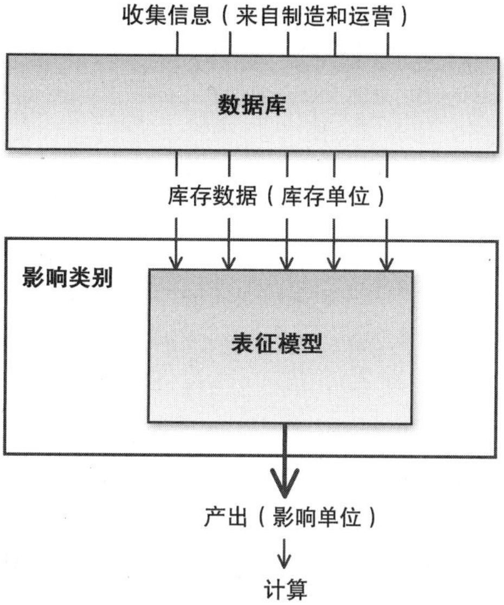

图 3.12　库存数据流通过数据库生成用于评估环境影响的产出的示意图

表 3.4　6 种最常见的影响类别及其说明

影响类别（缩写）	说明
一次能源使用	一次能源单位使用的能源总量
全球变暖潜势（GWP）	二氧化碳（CO_2）引起的热量积累
酸化潜势（AP）	相对于二氧化硫（SO_2）的影响产生酸化物质的可能性
富营养化潜势（EP）	相对于磷酸盐（PO_4^{3-}）的影响可能导致土壤和水过度消耗
臭氧消耗潜势（ODP）	相对于氯氟烃（CFC－11），可能的排放会通过化学方式破坏臭氧层
光化学氧化剂生成潜势（POCP）	相对于乙烯（C_2H_4）的影响产生烟雾的可能性

1. 全球变暖潜势

GWP 是衡量化合物引起全球变暖的能力。用于计算 GWP 的相关分子性质是将温室气体（i）的辐射效率 R_i 与参考物质（r）的辐射效率 R_r 比较。整合它们对化学品寿命的影响 t 来评估其对环境的影响［见式（3.14）］。因此，在计算环境影响时，寿命的影响很大。基于 IPCC，以 50 年、100 年和 500 年时间范围（TH）来制定标准，分别被称为 GWP50、GWP100 和 GWP500，这是用于光伏 LCA 计算的最常用模型。

$$\mathrm{GWP}_i = \frac{\int_0^{\mathrm{TH}} R_i i(t)\,\mathrm{d}t}{\int_0^{\mathrm{TH}} R_r r(t)\,\mathrm{d}t} \tag{3.14}$$

一旦选择了时间范围，可以通过收集适当的温室气体清单来进一步简化上述计算[47,48]。该清单提供了预先计算的加权因子 GWP_i，乘以所排放的温室气体

的重量 E_i 来将其转换成参考化合物的等效克数：

$$GWP_r = \sum GWP_i E_i \tag{3.15}$$

在光伏文献中，参考化合物是二氧化碳，最常见的时间范围是 GWP100。IPCC GWP 将输出转换为影响单位，尤其是以二氧化碳当量为单位。换句话说，这种影响被标准化为造成等效环境影响所需的二氧化碳量。

$CO_{2\ equiv}$ 例子：

甲烷（CH_4）=1t 的甲烷等于 25t 的二氧化碳

GWP100（表征模型）

年度排放 =0.4t 甲烷排放/年

$$0.4\text{t/年}\left(\frac{\text{相当于 25t 的二氧化碳}}{\text{1t 甲烷}}\right)\left(\frac{1000\text{kg}}{1\text{t}}\right)$$

=10 000kg 的 $CO_{2\ equiv}$ 排放/年

2. 光伏组件的碳足迹

有时，客户也对光伏组件的碳足迹（CFPM）感兴趣，它被定义为组件生命周期内排放的温室气体的量[49]。它是在组件的使用寿命期间产生的气体的 GWP 与产生的电力 E 的比值。通常以二氧化碳当量的千克数/发电量千瓦时数［kg $CO_{2\ equiv}$/kWh（见式 3.16）］为单位报告给客户。这个指标可以帮助用户进行比较来确保购买到“最干净”的能源替代品。

$$CFPM = \frac{GWP}{E} = kgCO_{2\ equiv}/kWh \tag{3.16}$$

光伏组件的 GHG 例子：

使用 GWP100 的 LCA 的排放 =4270kg$CO_{2\ equiv}$（对于 3kWp）

基于 kWp 的排放 =1 423 333g$CO_{2\ equiv}$

组件寿命 =25 年

性能比 =0.80

日照量 =1700kWh/（m^2·年）

$$\frac{(1\,423\,333\text{g}CO_{2\ equiv}/\text{kWp})}{[1700\text{kWh}/(m^2\cdot\text{年})]25\text{年}(0.80)(1m^2/\text{kWp})} = 41.9\text{g}CO_{2\ equiv}/\text{kWh}$$

光伏制造商有两种方法来改善其组件的碳足迹。首先，制造商可以减少组件制造期间排放的二氧化碳当量，也就是减少函数中分子的量。可以减少分子的方法包括将光伏电站移动到具有更清洁电网的位置，提高工厂效率，减少材料数量或减少加工步骤数量。此外，发电过程的改善将增加函数的分母，从而提高组件的碳排放量。光伏组件产生的电量取决于日照量、性能比和生命周期［见式(3.17)］。因为年均能量产量是性能比和日照量的乘积，所以产生的总电量可以进一步简化为年能量产量（AEY）乘以生命周期。

$$总电量 = 生命周期 \times 性能比 \times 日照量 = 生命周期 \times AEY \tag{3.17}$$

组件的生命周期和性能比全部取决于组件的规格，但日照量依赖于客户选择的安装条件。相同的组件将在不同的地方产生不同的电量。例如，靠近赤道的国家比靠近极地的国家每年的阳光更多。因此，必须使用相同的安装过程来比较两种技术（例如，硅组件的碳足迹与薄膜组件的碳足迹）。大多数制造商使用南欧的日照量[1700kWh/(m^2 · 年)]来进行计算，它是在进行产品比较时的一个重要指标。

有些客户喜欢用比例而不是绝对的数量来思考。例如，由于光伏能源生产而避免的二氧化碳量以及组件生命周期内产生的二氧化碳量被合并成一个称为温室气体投资回报率［GROI；式（3.18）］的无量纲度。这一指标通常用于学术界，但很少有光伏制造商使用。

$$GROI = \frac{总节约量_{GHG}}{总排放量_{GHG}} \tag{3.18}$$

最后，一些客户更喜欢考虑投资回报时间。二氧化碳回收时间（CO_2PBT）相当于在光伏组件的生命周期中产生的温室气体排放除以使用光伏而不是电网功率避免的年度温室气体排放［见式（3.19）］。据报道，光伏组件安装后，需要经过几年时间，才能产生干净无排放的电力。

$$CO_2PBT = \frac{产生的 CO_2 总排放量}{避免的年度 CO_2 排放量} \tag{3.19}$$

3. 能量回收周期

能量回收周期（EPBT）是光伏组件生命周期评估的指标，它是北美和欧洲光伏客户最常见的查询内容之一。[50-52] EPBT 是指光伏组件产生的能量比其生命周期内所使用的能量更多之前所需的时间。从数学角度上说，EPBT 相当于其生命周期内消耗的总能量除以每年从电网中避免消耗的能量：

$$EPBT = \frac{总能量消耗}{年度电力生产} \tag{3.20}$$

为了计算 EPBT，重要的是区分一次和二次能源。一次能源是直接来自自然资源的能源，而二次能源需要通过某一过程进行转换才能为设备供电或以其他方式消耗的能源。阳光直射是一次能源的一个例子，而光伏组件所产生的能量就是二次能源的一个例子。

因为光伏组件在其使用阶段会产生能量，所以在 LCA 中的能耗会低于所有其他阶段所使用的能量。在储存步骤中，执行者将每个装配中使用的能源总量相加，通常以千瓦时（kWh）的二次能源为单位进行测量。使用累计能量需求（CED）将库存数据转换为冲击单位。CED 产生一次能源的冲击单位，一般是每千瓦峰值兆焦耳（MJ - 当量/kWp）。

EPBT 还需要计算光伏组件在其使用阶段产生的一次能量。这需要估计安装地点的光伏组件的性能。理想情况下，这可以直接测量，但也可以计算。该计算需要将组件部署区域中的日照量乘以性能比，以确定所产生的二次能量。这种计算方法是以 kWh/(kWp·年)为单位计算的。模块的年能量产量（AEY）必须使用国家特定的能源控制效率（$Eff_{grid\_electricity}$）将二次能源转换为一次能源。欧盟国家的典型值为 9～11MJ/kWh[53,54]［式（3.21）］。

$$总年度电力生产 = Eff_{grid\_electricity} \times 性能比 \times 日照量 = Eff_{grid\_electricity} \times AEY \tag{3.21}$$

EPBT 例子：

采用 CED（测试方法）基于 LCS 的能源消耗 = 20 000MJ/kWp

性能比（PR）= 0.80/IEC61724 1kWh/m^2

日照量 = 1700kWh/(m^2·年)

电力供应效率 = 11MJ/kWh

$$\frac{(20\,000\text{MJ/kWp})}{[1\,700\text{kWh/(m}^2\cdot\text{年)}](11\text{MJ/kWh})(0.80)(1\text{m}^2\text{/kWp})} = 1.3\ 年$$

在另一个主题上，能源投资回报率（EROI）是用于比较绩效的另一个常见比率。通过将产品生命周期内节省的总能量除以其消耗的总能量来计算：

$$EROI = \frac{节省总能量}{消耗总能量} \tag{3.22}$$

4. 光伏安装的碳抵消

许多客户有兴趣在商业楼宇上安装组件，以实现自己的可持续发展目标和举措。例如，根据 Lowe 公司（穆尔斯维尔）的“社会责任”消息，该公司已经致力于在加利福尼亚的四家门店和夏威夷的一家门店运营屋顶光伏发电，从而避免 1700t 的二氧化碳排放[55]。安装产生的碳足迹是通过使用安装的光伏组件为建筑物供电而避免产生的二氧化碳排放量，而不是从电网电力供电所节约的二氧化碳排放量。

为了确定安装的碳抵消（COI），所有者必须首先测量光伏装置产生的能量。要计算一个光伏装置产生的能量，必须知道组件的生命周期、能源回收时间（EPBT）、本地电网的温室气体排放量（GG）和安装后的年发电量（AEY）。组件的生命周期（LF）减去 EPBT 表示组件生产的能量超过其制造能量所需的年数［式（3.23）］。生命周期乘以 AEY 表示减少的使用电网的能量。在这点看，计算单位是千瓦时（kWh）；然而，所需的单位是每千克减少的二氧化碳当量。为了执行这一转换，执行者需要了解当地电网的典型温室气体排放量。有一些国家数据库报告了各种电网生产每千瓦能量时产生的温室气体千克数（GG），其中一些数据总结在表 2.2 中。这两个数字的乘积是由于光伏安装而减少的温室气体排放量[56]。

$$COI = (LF - EPBT) \times AEY \times GG \tag{3.23}$$

安装的 GHG 例子：

组件生命周期（质保期）=25 年

能量回收时间 =5 年

年发电量 =1275kWh/年

电网的 GHG 排放（美国）=0.214kg$CO_{2\ equiv}$/kWh

（25 年 −5 年）1275kWh/年（0.214kg$CO_{2\ equiv}$/kWh）=5457kg$CO_{2\ equiv}$

3.6.4 解读

使用 LCA 来解释比简单地陈述更复杂；执行者负责评估 LCA 的范围是否得到充分解决。通过确定最大影响并说明假设对结果的灵敏度，可以最大程度地说明所有限制。灵敏度分析的一个例子是改变影响时间范围，以确定影响结果的程度。没有最大可接受的敏感度。最重要的是通过清楚的陈述评估的假设、边界和结果的局限性来确保测量的透明度。

敏感度例子：

转换数据库 GWP100 ~500

采用 GWP100 基于 LCA 的排放 =4270kg$CO_{2\ equiv}$（对于 3kW）

基于 kW 的排放 =1 423 333g$CO_{2\ equiv}$

组件生命周期内的总电力输出 =25 年（1275kWh/年）

$$\frac{(1\,423\,333\text{g}CO_{2\ equiv})}{(31\,875\text{kWh})} = 44.7\text{g}CO_{2\ equiv}/\text{kWh}$$

采用 GWP500 基于 LCA 的排放 =4060kg$CO_{2\ equiv}$（对于 3kW）

基于 kW 的排放 =1 353 333g$CO_{2\ equiv}$

组件生命周期内的总电力输出 =25 年（1275kWh/年）

$$\frac{(1\,353\,333\text{g}CO_{2\ equiv})}{(31\,875\text{kWh})} = 42.5\text{g}CO_{2\ equiv}/\text{kWh}$$

$$\frac{(44.7 - 42.5)}{(44.7)}(100\%) = 5\%$$

3.6.5 光伏生命周期评估指南

由国际光电技术专家组成的工业委员会已经对光伏 LCA 指南进行了详细的记录。国际标准化组织（ISO）标准和国际能源署光伏电力系统计划（IEA PVPS）LCA 指南是最常用的参考文献。ISO 标准提供 LCA 实施的一般概述，而

PVPS 指南给出了在光伏组件上执行 LCA 的具体说明。

在 20 世纪 90 年代后期，ISO 制定了一系列环境标准，以帮助企业改善其环境影响，符合适用法律并展示了持续改善环境的记录。该系列的特别相关标准是 ISO 14040，其中概述了执行 LCA 的步骤和指导方针，以衡量环境影响。虽然这是一个通用模板，但它缺乏在各种制造商的计算中创建工业一致性所需的粒度。

同样在 20 世纪 90 年代，国际能源署开发了 PVPS，这是一项由研究项目组成的研究和开发计划，旨在增加公众对光伏的了解，并消除其安装中的技术和经济障碍（见表 3.5）。任务 12 是本次讨论中最紧迫的任务，因为它制定了光伏 LCA 准备指南。该指南建立了 ISO 标准中概述的概念，但提供了与光伏行业有关的指导。

表 3.5 国际能源署 PVPS 工作序号及其对应的工作范围

工作序号	工作范围
1	光伏电力系统信息的交换和传播
2	光伏系统的性能、可靠性和分析
3	离网和孤岛光伏发电系统的应用
4	为电网供电的分布式光伏发电建模
5	建筑一体化和其他分散光伏设计和并网
6	大规模发电的模块化光伏电站的设计和运行
7	建筑环境中的光伏发电系统
8	偏远地区的超大规模光伏发电系统
9	发展中国家的光伏服务
10	城市中的并网光伏应用
11	混合系统微电网中的光伏
12	光伏环境的健康和安全
13	光伏系统的性能和可靠性
14	电网中光伏系统的高渗透率

1. LCA 的 ISO 标准

ISO 14000 分为各种标准，详细阐述环境理念和实施。本次讨论的相关标准是 ISO 14040：2006 和 14044：2006，其中描述了 LCA 原则和要求。LCA 框架包括目标形成、系统清单、环境影响评估和结果解释。该 ISO 标准为框架中的每个步骤提供说明。

根据 ISO 程序，目标定义为产品系统和系统功能，也称为产品的性能特征。功能单元是最终用于归一化数据的主要关注的性能特征。在设计 LCA 的目标和范围时，必须考虑数据收集的系统边界和用于分配的方法。数据要求必须确定下来，包括在单位、寿命和地理方面的必要精度。必须合理解释分析的假设和限制。最后，在进行分析之前，必须考虑关键的审查流程和报告格式，以验证分析是否符合项目目标。

系统的边界是目标的最重要方面之一，因为它们影响执行 LCA 所需的时间和资源量。为了方便报告，系统清单通常分为能源投入、物质投入以及对空气、水和土地的排放。在整个产品生命周期中，包含 EOL 产品的制造、安装、使用、维护和恢复的每个类别都有库存。数据的质量必须与时间有关。这意味着它不得小于 1 年并且不得超过 5 年。它必须在地理上与工厂位置的最高可能性相关。这是因为所有用于运输和工厂运行的燃料都包含在 LCA 中。最后，必须提及所测量的技术，以便如果包含多个技术或过程，则需要在范围内明确指出。

收集库存数据成为一项艰巨的任务；因此，范围应包括对边界的定义。这通常以基于整个系统质量、能量或其他一些环境相关参数的百分比表示。例如，重量范围是 LCA 中使用的所有材料的重量除以组件的总测量重量的百分比。98%以上通常是可接受的。

范围例子：

铝的重量计算 =41.9kg

薄膜电池重量计算（包括玻璃重量） =12.2kg

组件框架重量计算 =13.8kg

实际测量的组件重量 =68.4kg

$$\left(\frac{41.9\text{kg}+12.2\text{kg}+13.8\text{kg}}{68.4\text{kg}}\right)(100\%)=99.3\%$$

99.3% 的组件重量由 LCA 计算。

在影响评估期间，相关环境影响类别决定将库存单位转换为环境影响单位所需的适当数据库。数据通常以不确定性和敏感度分析的方式进行报告，以改进解释并为读者提供适当的结果。

生命周期解释必须包括确定重大问题、分析限制、参考结果的完整性、数据的敏感性、数据的一致性、最终结论和改进建议。其他有关详细信息，请参阅 ISO 14047：2003 和 ISO 14049：2000。最后，ISO 14048：2002 包括 LCA 的文件化过程。

2. 国际能源署的 LCA 标准

国际能源署的标准规定了上述每一个目标形成、系统清单、影响评估和解释步骤中的行业指导。国际能源署指出了光伏组件 LCA 的三个可能目标，包括确定将光伏组件添加到公用事业电网的环境效益、比较光伏组件以及评估光伏装置创造的长期环境改善。在对公用事业情况进行计算时，必须准确计算光伏制造商及其供应商使用的平均电网组合。当比较不同的光伏技术时，相关的度量单位是单位面积产生的能量，单位为 kWh/m^2。最后，在进行未来比较时，最好使用对未来电网组合的预测进行比较。LCA 还必须反映材料供应、运输要求和未来光伏组件生产的废物管理方面的任何预测限制。

再次，系统清单由实践者创建的系统界限确定；然而，国际能源署指南中还有一些细节应该包括在所有光伏 LCA 中。例如，任务 12 参与者同意、制造、安装和维护的所有资源要求必须包括在 LCA 中。如果包括辅助业务工作（例如研究、开发和销售）所使用的资源，则应分别计算和分项。同样，如果包含了光伏生产设备的环境影响，应分开列出。

如前所述，光伏组件的生命周期特别长，值得特别关注，因为它对环境性能有重大影响。当组件和 BOS 组件没有可用的服务数据时，任务 12 参与者同意应使用某些值。组件的预期寿命（25~30 年）应该比安装的大多数其他组件的寿命长。在主要 BOS 组件中，逆变器（15 年）的寿命最短，结构支持最长（30~60 年）。假定电缆的生命周期（30 年）与光伏组件的一样长。因此，BOS 组件一直是提高系统寿命的重点。[44,58,59]

在计算环境影响时，大多数执行者都使用光伏组件的理想性能。这意味着制造商根据 IEC 标准 61724 测量的组件效率和性能比（PR）是常用的（见附录 I）。没有来自制造商的实际数据或信息，使用屋顶组件的性能比为 0.75，接地组件的性能比为 0.85。除非制造商的文献中另有说明，否则随着时间的推移性能下降与所有光伏技术的初始效率的 80% 的最终值呈线性关系[57]。

最重要的是，国际能源署标准有报告要求，以确保结果的透明度和可重复性。报告必须列出研究的目标、研究专员、组件效率、日照量、光伏制造商的位置、光伏安装的位置、输入材料的假设、系统类型和 BOS 组件。最后，影响类别需要引用时间范围以及在影响计算中使用的参考物质（例如二氧化碳）。

3.6.6 生命周期评估软件

可以购买软件程序来协助 LCA 从业人员组织库存数据和计算环境影响。ISO 和国际能源署标准都不提供软件或附带的数据库。然而，光伏工业通常使用两个方案，一个是由 Pré Consultants（荷兰阿默斯福特）分销的 SimaPro，另一个是由 Pe International（德国莱恩费尔登 - 埃希特丁根）分销的 GaBi。更多的学者和政府代表倾向于使用 SimaPro，因为它允许执行者在定制 LCA 时具有更大的灵活性。这两个程序都有内置的库存数据库和表征模型，简化了执行者的计算。

上述软件程序都对以欧元为中心的环境库存进行了大量加权。例如，玻璃在光伏组件计算中的含量是基于玻璃制造商在欧洲生产并使用当地电网电力的假设。这可能是美国光伏制造商面临的一个问题，并且可能会导致基于实际玻璃供应商的位置和本地电网的相应清洁度的轻微低估或过高估计。美国环境保护署（EPA）为回应美国存货的有限数量，设计了减少和评估化学和其他环境影响的工具（TRACI）。该数据库使用美国库存，但在全球建立协议和加权计划来执行环境影响评估。

3.6.7　环境产品声明

环境信息传递是光伏组件产品产生差异化的关键方法；然而，要获得一致和有意义的营销手段必须达到行业共识。ISO 标准 14025 试图通过制定环境产品声明（EPD）的标准来满足这一需求。EPD 是一种沟通严重依赖于 LCA 结果的产品环境属性的标准方法。EPD 提供比自我声明更多的信誉，因为它需要第三方审核。大多数制造商有兴趣执行 EPD，因为他们希望在其产品上放置生态标签。一旦 EPD 获得认证，就会向非政府组织（NGO）登记证书[60]。

EPD 的进程始于制造商的环境声明草案。EPD 包括一个 LCA，根据由行业专家、LCA 从业人员和非政府组织代表组成的利益相关者委员会制定的产品类别规则（PCR）执行。PCR 草案详细介绍了执行 LCA 的适当方法[61]。目前，国际 EPD 系统（瑞典斯德哥尔摩）维护的图书馆没有针对光伏组件的专门 PCR。实际上，个别认证机构已经开发了自己的标识来使用它们的生态标签。

蓝天使标签是商业产品和服务的第一批第三方认证之一。蓝天使标签于 1978 年成立，以响应德国联邦内政部长的倡议，而如今它是最被广泛认可的方案之一。它主要应用于建筑材料、汽车和家具。截至 2011 年 5 月，已注册了 11500 多种产品，其中 15% 来自非德国制造商。

该过程从制造商提交产品的特定应用程序开始，也就是基本奖励标准。有一个为光伏产品设计的基本奖励标准（RAL - UZ - 116）。环境标签评审委员会——由消费者协会、工会、政府机构和专家委员会组成的独立志愿组织，审查了这些申请。在签署合同后，成功申请可以使用徽标。目前，有三家光电供应商使用蓝天使标签。所有注册产品和制造商的数据库都保留在蓝天使网站上。自蓝天使标签发行以来，其他国家第三方认证机构数量有所增加。

在日本，经济、贸易和工业部支持在产品标签上标明碳足迹信息。该标签需要制造、产品分销和使用的每个步骤的详细信息。排放物在标签上分别列入材料生产、产品制造、运输、零售、使用和处置的类别[62]。

在美国，保险商实验室（UL）的产品认证得到公认。2010 年 12 月，UL 创建了产品认证计划，以验证是否符合 ISO 14025 标准。建筑材料和电子应用制造商是该计划的最常见用户。UL 环境产品认证体系仍处于开发阶段，主要表现在能源消耗、废物转移、可回收利用、急救材料使用、现场保存、运输减少和自然资源保护等方面。它被描述为使用 LCA 的志愿过程，涉及科学测试，并需要详细的审计。获得 UL 环保产品认证的产品可以通过 UL 环境认证标志来识别。目前，UL 标准只针对建筑材料、清洁产品、家用清洁剂、玩具、手机和办公用品。直接用于光伏组件的程序尚未开发。

如果 EPD 并未执行，也可以使用生态标签，但在这种情况下，它们将被视为不太严格的标准。非 EPD 生态标签在评级系统中具有显著的性能。一个常见的例子是美国绿色建筑委员会的建筑项目领先能源与环境设计（LEED）计划和 EPA 电器能源之星计划。光伏装置有助于 LEED 认证，但不参与能源之星计划。

3.7 建筑规范

据美国能源部（DOE）估计，美国建筑使用全部一次能源的 39%，饮用水的 14%，原材料的 40%[63]。为了解决这个问题，奥巴马总统于 2011 年 2 月 3 日宣布了更好的建筑计划，该计划的目标是在 2020 年之前将商业建筑的能源使用量减少 20%。该计划允许一系列税收优惠措施，以促进安装节能升级。第三方认证计划是衡量这些国家目标成功实施的逻辑方法。

绿色建筑认证计划已被全球公认为审计绿色建筑战略的一种机制。虽然大多数认证都是全球有用的，但各国都采用了特定于其人口和区域优先事项的认证。在美国，主要认证过程是 LEED 计划。在英国，建筑研究中心环境评估法（BREEAM）是最被认可的方法。三星系统和绿色地球已经在中国和加拿大分别得到普及。在本书中，特别强调的是 LEED 认证，因为它们在美国和国外越来越受欢迎。

虽然这些绿色战略的初始成本比传统技术大，但由于运营和维护成本降低，投资回报迅速。建筑认证通常使用生命周期成本（LCC）计算来量化在业主看到投资回报之前必须经过的时间[64-66]。例如，荧光灯是绿色建筑策略中最流行的选择之一。紧凑型荧光灯的典型投资回报率是 5 个月，因为它们使用的电能比传统白炽灯泡低 75% ~80%，寿命更长[67]。

3.7.1 领先能源与环境设计介绍

各种组织、机构和个人负责 LEED 项目的设计和实施。LEED 原则是由美国绿色建筑委员会（USGBC）设计，由业主实施，性能得到了美国绿色建筑认证协会（USGBCI）认证。USGBC 是一个非盈利性的政府机构，负责制定 LEED 评级指南和教育计划。它成立于 1993 年，代表 15000 个组织、专业人士和行业，包括建筑师、开发商、设施管理人员、工程师、承包商、制造商、政府机构和非营利机构。USGBC 的使命是“改变建筑和社区设计、建造和运行的方式，创造一个承担环境和社会责任、健康和繁荣的环境，提高生活质量”[68]。修订不断程序化，手册每 2 年更新一次。这些手册被承包商和业主用作可持续建筑的指南。LEED 绿色建筑认证和专家委派是由盈利组织 USGBCI 管理。

业主可能对 LEED 认证感兴趣的原因有很多。市场分化、经济激励和环境管理是最常见的原因。LEED 认证的建筑可以根据地区的态度获得更高的市场价值。例如，在能源成本最高的加利福尼亚州和得克萨斯州，客户很可能将节省的能源用于建设节能建筑。在竞争激烈的建筑市场中，这种差异化可以提高建筑的价值和销售前景。追求可持续性发展的世界商业理事会实施了一次调查，调查发现对于经过 LEED 认证的建筑，平均每个客户要多支付 2% 的费用[68]。毫无疑问，大多数人都对 LEED 认证感兴趣，因为这是一个与可持续发展相关的金融机会。然而，有些人出于纯粹利他的理由追求 LEED 认证。LEED 过程提供了量化环境可持续性能的指标，为业主对有限环境资源的保护做出了可衡量的贡献。

LEED 计划是根据建筑的年龄和功能而设计的各种等级系统。推行认证的评级制度取决于项目经理或业主的自由裁量权。每个评级系统进一步细分为由先决条件和信贷组成的影响类别。为了使项目获得积分，必须实现这两个目标（见图 3.13）。所有类别中获得的积分总数定义了认证级别，这可以有效区别在建筑中采用可持续做法的数量。

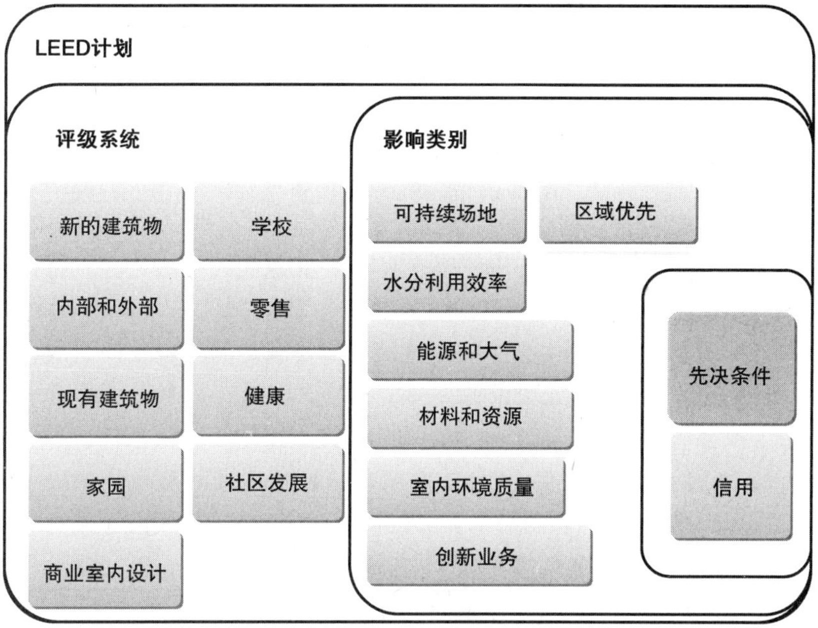

图 3.13　LEED 计划的结构

1. LEED 认证结构：评级系统、影响类别和积分系统

单人住宅、公寓、购物中心、商业大楼、工厂、小学和高等学校都是获得 LEED 认证的建筑实例。建筑业主或承包商负责决定哪种评级系统与建筑物的描述和功能最匹配。协助选择适当的评级系统可以在 LEED 绿色协会的指南中找到[68]。新的建筑物、现有建筑物：运营和维护、商业室内设计、内部和外部、学校、社区发展、零售、健康和家园是目前的评级系统（见表 3.6）。每个评级系统强调建筑物的年龄和功能的适当指标。例如，学校的 LEED 强调使用建筑材料和设计来提高学生的学习能力（例如，声学设计、模具预防）。与本次讨论最为相关的是新的建筑物和现有建筑物：运营和维护评级系统，因为对光伏制造商来说，它们中的客户占的比例比较大。

表 3.6 LEED 评级系统和适当结构的说明

LEED 评级系统	相应的相关建筑物
新的建筑物	刚刚建造的建筑物
现有建筑物：运营和维护	翻新的建筑物
商业室内设计	建筑物中容纳多个业主或租户的单位
内部和外部	该评级系统补充商业室内设计，仅仅看建筑物的外壳、暖气通风、空调（HVAC）以及建筑物结构
学校	幼稚园至 12 年级的学校
社区发展	一套住宅的设计与开发
家园	私宅
零售	商业建筑物，如银行、餐馆等
健康	病人、门诊和长期护理设施

认证过程基于一个积分系统，用于展示资源保护和改善居民的健康、生产力和福利。在不同的影响类别中可以获得分数，可用的类别取决于特定的评级系统。可持续场地（SS）、水分利用效率（WE）、能源和大气（EA）、材料和资源（MR）、室内环境质量（IEQ）、创新业务（IO）和区域优先（RP）是评级系统中的最常见类别。每个类别由至少一个建筑物需要满足的先决条件组成，以满足 LEED 认证的要求。满足了先决条件不会给积分，但是，每个类别都进一步细分为具有指定积分值的贷方。一个项目必须达到方案要求、先决条件，并且至少要在上述类别的任何组合中获得 40 分才能获得认证。达到的总积分数决定了项目的评级。按照困难程度来进行排序，评级包括认证、银、金和铂（见表 3.7）。

表 3.7 基于获得积分值的项目认证级别

认证级别	需要积分的范围
认证	40～49
银	50～59
金	60～79
铂	>80

每个评级系统附带的手册提供了每个类别中如何得到分数的详细信息。大多数光伏制造商就如何安装他们的组件有助于建筑认证提供指导。通常，组件在能

源和大气类别中获得积分。有些还在材料和资源以及区域优先类别中获得积分。

绿色建筑的目的是尽量减少建筑寿命周期内的温室气体排放。能源和大气类别的目的是减少 LEED 项目的碳足迹及其能源需求。在这一类别下可获得很多积分，然而，这一讨论仅限于直接与光伏相关的问题。具体来说，可以在能源和大气类别（含有现场和电网可再生能源）中获得积分。在这两种情况下，所得到的分数都是基于可再生能源抵消的电网能量。事实上，这两个信贷是协同的，这意味着产生的现场可再生能源的容量将抵消必须从电网购买的绿色电力的容量，以便获得额外的分数。例如，如果业主承诺从绿色能源计划购买 50% 的电力，则绿色电力的总购买量低于没有现场光伏组件的情况下所需要的电力购买量。例如，当 20% 的建筑能源来自现场光伏安装，那么 80% 必须从电网购买。业主只需要购买 40% 的电力来自绿色能源计划，以维持承诺。如果没有光伏组件在现场，业主将需要购买全部的 50% 来自绿色能源计划的能源。

材料和资源类别根据建筑材料的特点给积分。对建筑材料的重复利用和回收利用以及对当地资源的利用，可以减少建筑过程中产生的碳足迹。光伏组件很少有助于在这些类别上获得积分，除非它们含有一些可回收材料。只有少数光伏制造商声称在其组件中回收材料。

区域优先鼓励遵守项目所在社区的优先环境行动。USGBC 维护了一份区域优先事项和相关分值。根据具体地点，光伏发电有可能在这一类别中提供额外的积分，前提是当地可再生能源是一个区域优先事项。

2. LEED 认证和光伏安装

USGBC 的 LEED 项目开发对社区和国家都有影响。1999 年，比尔·克林顿总统可持续发展理事会创建翼幅原则作为国家承诺的示范，积极减少温室气体排放，目标是：到 2050 年，减少至比 1990 年低 60% ~80%。因为 USGBC 是翼幅原则的签署者，LEED 认证过程强调能够最大程度减少建筑物的碳足迹的策略。这些策略，如购买可再生能源，使项目在认证过程中获得最多的积分（见图 3.14）。

LEED 不认证产品，但光伏安装可以赢得项目认证分数。安装的特性最终决定获得的积分。这一类的两个信用直接受到光伏安装的影响。能源和大气（EA）信用 1：根据当地电网的能源需求量来优化能源绩效奖点。这包括节能战略（例如，节能照明）和现场光伏组件。新的建筑物总共有 19 分，现有建筑物有 18 分：运营和维护。具体的分数是基于一个滑动比例，每减少 2% 产生一个额外的分数。然而，这些分数只有在基准性能下降 12% 之后才能获得，并且最多是减少 48% 之后，再多也不会增加额外的分数。信用 2：现场可再生能源促进购买现场可再生能源，基于从电网转移 1% ~13% 的能源，在 1 ~7 分的滑动范围内给积分。对于现有的建筑物：运营和维护评级系统，也鼓励现场可再生能源，能耗

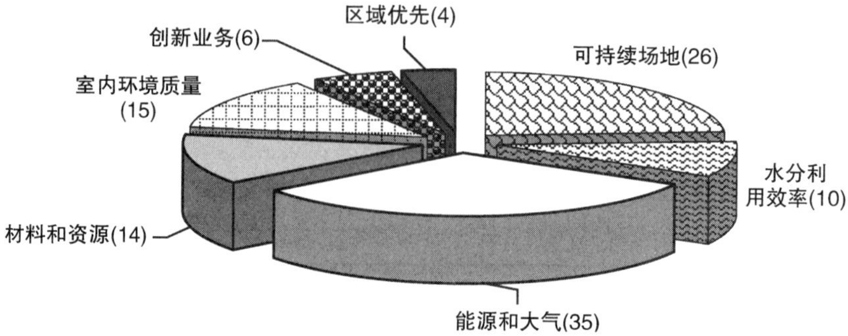

图 3.14 新建筑物评级系统中每个项目的总可能认证分数

降低 3% ~12% 得 1 ~6 分（见表 3.8）。

大多数 LEED 评级系统和认证基于能源实践评估。只有现有的建筑物：运营和维护评级要求论证节能性能以便得到积分。该评级要求业主在运行 3 个月后报告、检查和审查资源消耗情况。这是 9 个系统中唯一的追溯检查性能的评级系统。USGBC 鼓励业主回到现有建筑物：运营和维护中寻求认证，如果他们已经收到了另一个 LEED 认证。

表 3.8 信贷 2 可能的分数：根据新的建筑物和现有建筑物所显示的减少能源量的现场可再生能源：运营和维护评级系统

LEED：新的建筑物	LEED：现有建筑物：运营和维护
减少 1% 得 1 分	减少 3% 得 1 分
减少 3% 得 2 分	减少 4.5% 得 2 分
减少 5% 得 3 分	减少 6% 得 3 分
减少 7% 得 4 分	减少 7.5% 得 4 分
减少 9% 得 5 分	减少 9% 得 5 分
减少 11% 得 6 分	减少 12% 得 6 分
减少 13% 得 7 分	—

3.7.2 建筑研究院环境评估方法介绍

LEED 认证继承了欧洲很早就建立的建筑研究中心环境评估法（BREEAM）。BREEAM 认证于 1990 年由建筑研究院（BRE）建立，BRE 是一家提供建筑物的测试、研究、咨询的私营机构。BREEAM 起源于英国，但作为一种评价建筑物环境影响的方法已被国际公认。认证要求对新的建筑物和翻新建筑物的可持续做法和材料进行评估，评估发生在设计和施工后阶段。

基于能源、土地使用和生态、健康和福祉、管理、运输、水、材料、废物和污染 9 类，对环境影响进行测量。每个类别分别得分。然而，最终的项目分数是每个类别得分和加权因子乘积的总和：

$$分项工程得分 = 类别得分 \times 加权因子 \quad (3.24)$$

加权因子基于 BRE 制定的最高优先级。最高权重被赋予能源（19%）、健康和福祉（15%）及材料（12.5%）（见图 3.15）。

一旦审核、施工后，项目基于项目得分将会评为通过、好、很好、优秀、突出（见表 3.9）。根据能源效率、水分利用效率、地表水管理、场地废物管理、家庭废物管理、材料使用和建筑生命周期确定等级。为了获得优异的评价，业主必须在项目完成的头 3 年内进行案例研究，并进行绩效评估。

在一些研究中，环境可持续建筑与降低运营和维护成本有关。这些较低的成本使他们对租户和业主有吸引力。事实上，环境认证已成为确保成本在预期范围内的关键。因此，许多政府机构和企业要求建筑物的 BREEAM 评级最低。其中包括环境、食品和农村事务部（DEFRA），John Lewis 合伙公司、马莎百货公司和数字房地产信托基金。

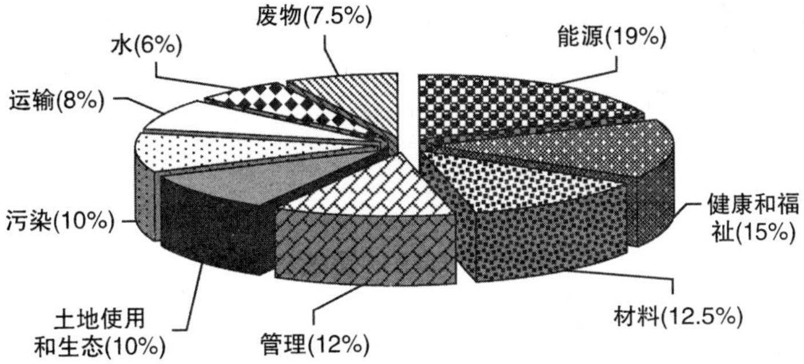

图 3.15　BREEAM 环境类和相应的权重比例

表 3.9　BREEAM 评级和相应的得分

评　　级	得分（%）
通过	30
好	45
很好	55
优秀	70
突出	85

BREEAM 认证和光伏安装

现场可再生能源与能源类别的积分要求挂钩。具体来说，低碳和零碳技术积分（烯 04）直接受益于光伏安装。积分的多少取决于二氧化碳排放量减少的百分比超出 DEFRA 在“良好实践指南”中制定的基准水平。在可行性研究中取得了 1 个积分，减少了 10% 就取得了 2 个积分，减少了 20% 就取得了 3 个积分，减少了 30% 就取得了 4 个积分。要获得这些积分，就需要 LCA 来在整个建筑物寿命的基础上评估排放量。因此，在其组件上执行 LCA 的光伏制造商更有可能为需要在整个建筑物上执行 LCA 的承包商和业主获得更多的相关信息。

参考文献

1. Harmon, C. *Experience Curves of Photovoltaic Technology*. Interim Report IR-00-014. Laxemburg, Austria: International Institute for Applied System Analysis, March 2000.
2. Zaman, A., and S. Lockman. *Solar Industry Growth . . . You Ain't Seen Nothin' Yet: The Grid Parity Decade*. Minneapolis: Piper Jaffray Investment Research, 2011.
3. Lorenz, P., D. Pinner, and T. Seitz. *The Economics of Solar Power*. Washington: McKinsey & Company, 2008.
4. Bhandari, R., and I. Stadler. "Grid Parity Analysis of Solar Photovoltaic Systems in Germany Using Experience Curves." *Solar Energy* 83 (2009): 1634–1644.
5. Singh, P., and S. Singh. "Realistic Generation Cost of Solar Photovoltaic Electricity." *Renewable Energy* 35 (2010): 563–569.
6. Branker, K., M. J. M Pathak, and J. M. Pearce. "A Review of Solar Photovoltaic Levelized Cost of Electricity." *Renewable and Sustainable Energy Reviews* 15 (2011): 4470–4482.
7. Olson, A., and R. Jones. "Chasing Grid Parity: Understanding the Dynamic Value of Renewable Energy." *The Electricity Journal* 25 (2012): 17–27.
8. Breyer, C., and A. Gerlach. "Global Overview on Grid Parity Even Dynamics." Presented at the 25th EU PVSEC/WCPEC-5, Valencia, Spain, 2010.
9. U.S. Environmental Protection Agency (EPA). *Statistics on the Management of Used and End-of-Life Electronics*. Washington: Government Printing Office, 2012.
10. Davis, G., C. Wilt, P. Dillon, and B. Fishbein. *Extended Product Responsibility: A New Principle for Product-Oriented Pollution Prevention*. Washington: USEPA Office of Solid Waste, 1997.
11. European Photovoltaic Industry Association Renewable Energy House (EPIA). *2010 Market Outlook*. Brussels: EPIA, 2011.
12. International Energy Agency (IEA). *Technology Roadmap: Solar Photovoltaic Energy* Paris: IEA, 2010.
13. Gesellschaft für Sonnenenergue, D. *Planning and Installing Photovoltaic Systems: A Guide for Installers*, 2nd Ed. London: Earthscan, 2008.
14. Guarde, D. "Sustainability Evaluation of Solar Energy Systems (SENSE), Recycling and Recovery, GAIKER-IKA4." Presented at the 21st European Photovoltaic Solar Energy Conference and Exhibition, Dresden, Germany, September 7, 2006.
15. Fthenakis, V., E. Alsema, M. de Wild-Scholten, and K. Wambach. "IEA PVPS Task 12 on Environment, Health and Safety." Presented at the 22nd EPIA European Photovoltaic Solar Energy Conference European, Milan, Italy, September 5, 2007.
16. Bohland, J., T. Dapkus, K. Kamm, and K. Smigielski. "Photovoltaics as Hazardous Materials: The Recycling Solution." Presented at the BNL/NREL Workshop PV and the Environment 1998, Keystone, CO, July 23–24, 1998.
17. Fthenakis, V., P. Duby, W. Wang, et al. *Recycling of CdTe Photovoltaic Modules: Recovery of Cadmium and Tellurium*. Washington: Office of Scientific and Technical Information, Brookhaven National Laboratory, 2012.
18. Shibasaki, M., N. Warburg, J. Springer, and S. Lombardelli. "Lecture on Recycling of Thin-Film Solar Modules Life Cycle Assessment Case Study. Presented at the 21st European Photovoltaic Solar Energy Conference, Dresden, Germany, September 4–8, 2006.
19. Nickdel, S. *Recycling Copper Indium Selenide from Solar Cells*. Göteborg, Sweden: Department of Chemical and Biological Engineering Chalmers University of Technology, 2009.
20. Kang, H. Y., and J. M. Schoenung. "Economic Analysis of Electronic Waste Recycling: Modeling the Cost and Revenue of a Materials Recovery Facility in California." *Environmental Science and Technology* 40 (2006): 1672–1680.
21. Harmon, C. *Experience Curves of Photovoltaic Technology*. Interm Report IR-00-014. Laxemburg, Austria: International Institute for Applied Systems Analysis, 2000.

22. New Energy Externalities Developments for Sustainability (NEEDS) Sixth Framework Programme. *Project No. 502687: Cost Development: An Analysis Based on Experience Curves.* Rome: NEEDS, 2006.
23. Haller, M. *Comparing CO_2 Mitigation Options in the Electricity Sector: Nuclear Power, Renewable Energy, and Carbon Sequestration.* Berlin: Technicshe Universitat Berlin, 2006.
24. International Organization for Standardization. Environmental Management: Life Cycle Assessment—Principles and Framework. ISO 14040:2006. Geneva, Switzerland, ISO, 2006.
25. International Organization for Standardization. Environmental Management: Life Cycle Assessment—Requirements and Guidelines. ISO 14044:2006. Geneva, Switzerland, ISO, 2006.
26. International Organization for Standardization. Environmental Management: Life Cycle Impact Assessment—Examples of Application of ISO 14042. ISO/TR 14047:2003. Geneva, Switzerland, ISO, 2003.
27. International Organization for Standardization. Environmental Management: Life Cycle Assessment—Data DOCUMENTATION FORMAT. ISO/TR 14048:2002. Geneva, Switzerland, ISO, 2002.
28. International Organization for Standardization. Environmental Management: Life Cycle Assessment—Examples of Application of ISO 14041 to Goal and Scope Definition and Inventory Analysis. ISO/TR 14049:2000. Geneva, Switzerland, ISO, 2000.
29. International Organization for Standardization. Environmental Labels and Declarations—General Principles. ISO 14020:2000. Geneva, Switzerland, ISO, 2000.
30. International Organization for Standardization. Environmental Labels and Declarations—Self-Declared Environmental Claims (Type II Environmental Labeling). ISO 14021:1999. Geneva, Switzerland, ISO, 1999.
31. International Organization for Standardization. Environmental Labels and Declarations—Type I Environmental Labeling: Principles and Procedures. ISO 14024:1999. Geneva, Switzerland, ISO, 1999.
32. International Organization for Standardization. Environmental Labels and Declarations—Type III Environmental Declarations: Principles and Procedures. ISO 14025:2006. Geneva, Switzerland, ISO, 2006.
33. International Organization for Standardization. Environmental Management: Environmental Communication—Guidelines and Examples. ISO 14063:2006. Geneva, Switzerland, ISO, 2006.
34. International Organization for Standardization. Greenhouse Gases: Part 1. Specification with Guidance at the Organization Level for Quantification and Reporting of Greenhouse Gas Emissions and Removals. ISO 14064-1:2006. Geneva, Switzerland, ISO, 2006.
35. International Organization for Standardization. Greenhouse Gases: Part 2. Specification with Guidance at the Project Level for Quantification, Monitoring and Reporting of Greenhouse Gas Emission Reductions or Removal. ISO 14064-2:2006. Geneva, Switzerland, ISO, 2006.
36. International Organization for Standardization. Greenhouse Gases: Part 3. Specification with Guidance for the Validation and Verification of Greenhouse Gas Assertions. ISO 14064-3:2006. Geneva, Switzerland, ISO, 2006.
37. International Organization for Standardization. Greenhouse Gases: Requirements for Greenhouse Gas Validation and Verification Bodies for Use in Accreditation or Other Forms of Recognition. ISO 14065:2007. Geneva, Switzerland, ISO, 2007.
38. International Organization for Standardization. Guide for the Inclusion of Environmental Aspects in Product Standards. ISO Guide 64:2008. Geneva, Switzerland, ISO, 2008.
39. International Organization for Standardization. Environmental Management: Vocabulary. ISO 14050:2009. Geneva, Switzerland, ISO, 2009.
40. International Organization for Standardization. Environmental Management: Integrating Environmental Aspects into Product Design and Development. ISO/TR 14062:2002. Geneva, Switzerland, ISO, 2002.

41. First Solar, Inc. "The First Solar Sustainability Framework." July 2012. http://www.firstsolar.com/
42. International Electrotechnical Commission. Environmentally Conscious Design: Integrating Environmental Aspects into Design and Development of Electrotechnical Products. IEC Guide 114:2005. Paris: IEC, 2005.
43. Alsema, E., and M. de Wild-Scholten. "Lecture on Environmental Impacts of Crystalline Silicon Photovoltaic Module Production." Presented at the 13th CIRP Intern Conference on Life Cycle Engineering, Leuven, France, May 31–June 2, 2006.
44. Jungbluth, N. "Life Cycle Assessment of Crystalline Photovoltaics in the Swiss Ecoinvent Database. *Progress in Photovoltaics: Research and Applications* 13 (2005): 429–446.
45. Bauman, H., and A. Tillman. *The Hitch Hiker's Guide to LCA.* Stockholm, Sweden: Studentlitteratur AB, 2004.
46. Guinée, J. *Handbook on Life Cycle Assessment: Operational Guide to the ISO Standards* Berlin: Springer, 2002.
47. U.K. Solar & Wind Energy Search. "2010 Guidelines to Defra/DECC's GHG Conversion Factors for Company Reporting," Version 1.2.1 Final. 2010. http://www.defra.gov.uk/
48. Global Footprint Network. *Ecological Footprint Standards 2009.* Oakland, CA: Global Footprint Network, 2009.
49. British Standards Institution. Specification for the Assessment of the Life Cycle Greenhouse Gas Emissions of Goods And Services. PAS 2050:2008. London: BSI, 2008.
50. Alsema, E. "Energy Requirements of Thin-Film Solar Cell Modules: a Review." *Renewable and Sustainable Energy Reviews* 2 (1998): 387–415.
51. Kato, K., T. Hibino, K. Komoto, et al. "A Life-Cycle Analysis on Thin-Film CdS/CdTe PV Modules." *Solar Energy Materials and Solar Cells* 67 (2001): 279–287.
52. Fthenakis, V., K. Zweibel, and P. Moskowitz. "Lecture on PV and the Environment 1998." Presented at the Brookhaven National Laboratory (BNL)/National Renewable Energy Laboratory (NREL) Workshop, July 23–24, 1998.
53. Knapp, K., and T. Jester, "Empirical Investigation of the Energy Payback Time for Photovoltaic Modules." *Solar Energy* 71 (2001): 165–172.
54. Peharz, G., and F. Dimroth. "Energy Payback Time of High-Concentration PV System FLATCON." *Progress in Photovoltaics: Research and Applications* 13 (2005): 627–634.
55. Lowe's Companies, Inc. "Social Responsibility: Generating Solar Power." July 2012. http://responsibility.lowes.com/
56. World Resources Institute. *The Greenhouse Gas Protocol: A Corporate Accounting and Reporting Standard*, rev. ed. Washington: Greenhouse Gas Protocol Initiative, 2004.
57. Alsema, E., D. Fraile, R. Frischknecht, et al. *Methodology Guidelines on Life Cycle Assessment of Photovoltaic Electricity.* IEA PVPS-TASK 12-01. Paris: International Energy Agency, 2009.
58. Raugei, M., S. Bargigli, and S. Ulgiati. "Life Cycle Assessment and Energy Payback Time of Advanced Photovoltaic Modules: CdTe and CIS Compared to poly-Si." *Energy* 32 (2007): 1310–1318.
59. Alsema, E., and E. Nieuwlaar. "Energy Viability of Photovoltaic Systems." *Energy Policy* 28 (2000): 999–1010.
60. International EPD System. "The International EPD System: A Communications Tool for International Markets." Stockholm: Sweden, 2012. http://www.environdec.com/
61. Neo Solar Power Corporation (NSP). *Product Category Rules (PCR) for Preparing an Environmental Product Declaration (EPD) for Crystalline Silicon Solar Cells.* PCR 2011:1.0 Hsinchu, Taiwan: NSP, 2011.
62. Schenck, R. *The Outlook and Opportunity for Type III Environmental Product Declarations in the United States of America.* Washington: Institute for Environmental Research and Education (IERE), 2009.

63. U.S. Green Building Council. "Green Building Facts." Washington, 2009. http://new.usgbc.org/articles/green-building-facts
64. Schmidt, W.-P. "Life Cycle Costing as Part of Design for Environment." *International Journal of LCA* 8 (2003): 167–174.
65. Kirk, S., and A. Dell'isola. *Life Cycle Costing for Design Professionals.* New York: McGraw-Hill, 1995.
66. Raugei, M., and P. Franki. "Life Cycle Impacts and Costs of Photovoltaic Systems: Current State of the Art and Future Outlooks." *Energy* 34 (2009): 392–389.
67. Yuldelson, J. *The Green Building Revolution.* Washington: Island Press, 2008.
68. U.S. Green Building Council (USGBC). *LEED Green Associate Study Guide.* Washington: USGBC, 2009.

第4章

贸易壁垒的环境法规

空气质量、水的纯度、土壤的保护和物种多样性都在20世纪70年代得到了新的、增多的美国联邦政策的监管保护。这些环境法规列在《联邦环境法规》(CFR)的第40条：保护环境中，有超过789个条款[1]。所有的州都被要求至少施行第40条，但是每个州也可以采用更严格的条款。

自从20世纪70年代，美国环境法规的数量和相关的开支就在快速增长。大部分的增长发生在20世纪70~90年代，在这期间，美国联邦、州和当地的环境法规从2000个增加到超过100000个。据估计在同一时期已经有1万亿美元花费在环境保护上[2]。大部分的花销是由于官僚作风造成的效率低下，如法律费用和由于复杂规章的冗长审查而导致员工生产力的下降造成的。不幸的是，这些所有的活动都没有直接提升环境质量。因此，美国现在的环保政策有一些重大的缺陷必须要处理。

国际市场中歪曲繁多的环境法规使其变得更加复杂。光伏制造商需要遵守所在制造国家的环境法规，而光伏组件必须要遵守所销售国家的法规。每一个地区都有自己的管理机构（附录E)，有自己的垃圾鉴定协议和相关法规。大多数制造商都会雇佣一个与可持续发展部门密切合作的监管人员来管控它的复杂性，以便全面分析新市场的所有监管障碍。环境法规的全球协调可以简化审查过程。这一级别的协调尚未在全球光伏产业中实现。

4.1 美国的环境政策

在20世纪60年代末和70年代初，基础设施增长造成的意外和故意的环境破坏是导致该时期社会愤怒和暴力抗议增多的一个因素。其中最有关联的事件发生在1969年，当时一个联合石油钻井平台在圣巴巴拉海岸破裂，它在10天内向海水中排放了80 000~100 000桶石油（见图4.1)。广泛的媒体报道和不利的抗议在漏油事件发生的当天就开始了，但是海底钻探仅暂停了几天。大部分的海滩清理工作在45天后完成，但直到19世纪70年代中期，在海水中仍然可以见到成块的石油。考虑到漏油的规模，以及全国范围内的报道，理查德·尼克松总统评论说这次灾难“触动了美国人民的良知”[3]。这个特殊的灾难通常被认为是导致美国州参议员 Gaylord Nelson（民主党人：威斯康星州）发起环境静坐行动，最终演变成地球日的事件之一。如今，地球日提供了一个机会，让我们停下来，去考虑在满足我们日益扩大的全球人口日益增长的资源需求时可能产生的负面环境影响。

图 4.1　加利福尼亚州圣巴巴拉县海岸外的 4 个石油钻井平台

同一时期，美国出现了大量的抵制州际公路系统的抗议声。《联邦高速公路法案》（1956）要求修建联邦公路系统。该法案拨款 250 亿美元，用于在 10 年内建造 40 000mile㊀的横贯美国的高速公路[4]。截止到 20 世纪 60 年代中期，现存系统的修整几乎完成，新的土地收购成为连接跨越美洲大平原的各种偏远城市必不可少的要素。当新收购的草地、林地和公园投入建造新洲际公路时，当地民众愤怒了。在抗议之前，建设计划中通常没有公众可见度或参与度，一旦当地的抗议者被邀请对计划和过程进行评价，大量的工程就要被终止或重新设计。这个特例说明了一个哲理，一个成功的联邦计划包括了在执行之前当地利益相关者参与的理念。

作为对这些事件和其他事件的回应，美国《国家环境政策法》（NEPA）在 1970 年由尼克松总统签署成为法律。NEPA 旨在增加联邦政府在环境保护方面的参

㊀ 1mile = 1609.344m。

与，并确保联邦政府的活动并没有长期的负面环境影响。该法案要求联邦机构应涉及对所提议活动的环境影响进行评估，其中还包括对联邦土地的使用。它进一步委派了环境质量委员会（CEQ）作为与 NEPA 目标一致的开发建议和结论的负责方。

NEPA 是调控各种具体法案的总体规定，它拥有更大的特异性和支配权。《清洁空气法》《清洁水法》《固体废物处理法》和《濒危物种法》是互补的法律，它们在 20 世纪 70 年代被彻底地修订。每一项法案都专注于发展对污染物排放到特定媒介（例如：空气、水和土地）的保护限制。

4.1.1 美国《清洁空气法》

《清洁空气法》（1970）规定了固定源和移动源的排放量。空气质量、排放标准、酸沉积、臭氧保护都被涵盖在《清洁空气法》之中。这个立法授予美国环境保护署（EPA）监控、保护和改善国家空气质量的权利。

《清洁空气法》根据现有的场地条件指定了三个对气体排放的准许要求。合理可用的控制技术（RACT）安装是对位于未达到国家标准的地区的现有固定源（例如，生产厂房和发电厂）的要求。在那些空气质量比得上国家标准的地区，最好的可用控制技术（BACT）则更加严格，并且是对新的或改良的源头的要求。BACT 是当前 EPA 对大多数地区的标准要求。最后，最低可达到的排放率（LAER）是指在空气质量低于国家标准，需要达到最低可能排放的地区对新的或改良源头的科技要求。不管等级如何，《清洁空气法》中概述的减排技术通常被称为尾管污染控制，因为它试图在危险排放产生后，对行为进行规范。

光伏组件在它们的使用阶段不会产生任何直接的空气排放，因此，光伏设备的安装并不取决于这一条规章制度。然而，美国的光伏制造商在生产过程中产生的排放要遵守规则。制造商将生成直接和间接的空气排放。通常，设备的更大部分碳排放量来源于从当地输电网购买电能产生的间接排放，但是直接排放要遵守规章制度。晶体硅和非晶硅制造商使用的是氟化温室气体，例如三氟化氮（NF_3），用于电池的蚀刻和反应容器的清洗。根据《清洁空气法》，来自这些过程的排放受到监测、报道和减排义务的约束。美国大多数的光伏公司已经找到氟化温室气体的替代方案，还有那些仍然使用这种化学物质的公司已经向利益相关者保证他们的减排技术的效率高达 95% ~99%[5,6]。

4.1.2 美国《清洁水法》

《清洁水法》（1972）规定了工业水源污染物和地表水质。EPA 负责执行《清洁水法》。在正常使用条件下，安装的光伏组件不会产生废水，因此安装的业主不受本法案的约束。然而，客户经常询问破损的光伏组件是否要受此法案的约束。该法案确实要求将污染物点源排入通航水域。这一要求的适用性取决于从组件中过滤出的化学品的数量和类型。在大多数情况下，光伏组件释放的危险化学品并不是很多，不用受这项法规的约束。

所有在美国拥有工厂的光伏制造商都要遵守本法案、当地水法规和许可要求。光伏发电厂通常在电池制造过程中的水使用率最高。对于晶体硅制造商来说，在切片过程中使用的浆料产生了大量的废水，这些废水在排入当地市政系统之前必须进行处理。而对于薄膜制造商，化学浴沉积（CBD）会产生大量的废水，这些废水必须根据联邦或者当地的法规进行处理。

4.1.3　美国《固体废物处理法》

《固体废物处理法》(1976)，也被称为《资源保护和恢复法》(RCRA)，用于调节固体和危险废物的贮存、处理、清除。它定义了危险废物为“当处理、贮存、运输、处置或以其他方式管理不当时，可能导致或有助于死亡，或使严重不可逆疾病增加或导致可逆疾病，或对人类健康或环境造成实质性的或潜在的危害”的材料[7]。《资源保护和恢复法》第 3001 节给 EPA 分配了一个任务，让它开发一个识别危险废物的协议[8]。

EPA 废物描述协议指定如果废物滤去指定水平以上的调节物质，那它就是危险物。调节物质被列在联邦法规第 40 条中（40 CFR §261.24），它们是基于可燃性、腐蚀性、活性和毒性这些表现特征被选择出来的（见附录 D)。可燃性的定义为特征的闪点高于 333K，可燃性物质的废物代码为 D001；腐蚀性的定义是 pH 值低于 2 或高于 12.5，腐蚀性物质的废物代码为 D002；活性被定义为不稳定，能够自发的剧烈变化，或能与水反应，活性物质的废物代码为 D003；毒性是已知的致癌物质或化学物质干扰正常的生物过程，毒性物质的废物代码为 D004；CFR 第 40 条确认的其他的有毒的复合物的废物代码为 D004 ~ D0043。具体的废物代码取决于在执行毒性特征浸出过程（TCLP）时高于监管极限的受管制物质（见表 4.1)。

危险废物的指定是令人讨厌的，因为它会对发电机产生负面影响还会产生更高的操作费用。危险废物，需要专门的处理、存储、加工、管理，这比无危险废物产生的处理成本增加了约 23 倍[9]。这些费用大部分用于处理，如提取、焚烧或固化，用于稳固废物。这些危险废物需要一直被处理直到它们不能过滤出超出通用处理标准（UTS）的物质（见表 4.2)。一旦它满足了这些浸出要求，就可以在专门的垃圾填埋场被处理掉[10]。

表 4.1　TCLP 受管制化学品的监管限制，其对应的分子式和废物代码

物质	分子式，化学元素	废物代码	监管水平/(mg/L)
砷	As	D004	5.0
钡	Ba	D005	100.0

（续）

物质	分子式，化学元素	废物代码	监管水平/(mg/L)
苯	C_6H_6	D018	0.5
镉	Cd	D006	1.0
四氯化碳	CCl_4	D019	0.5
氯丹	$C_{10}H_6Cl_8$	D020	0.03
氯苯	C_6H_5Cl	D021	100.0
氯仿	$CHCl_3$	D022	6.0
铬	Cr	D007	5.0
邻甲酚	C_7H_8O	D023	200.0
间甲酚	C_7H_8O	D024	200.0
对甲酚	C_7H_8O	D025	200.0
甲酚	C_7H_8O	D026	200.0
2，4－二氯苯氧乙酸	$C_8H_6Cl_2O_3$	D016	10.0
1，4－二氯苯	$C_6H_4Cl_2$	D027	7.5
1，2－二氯乙烷	$C_2H_4Cl_2$	D028	0.5
1，1－二氯乙烯	$C_2H_2Cl_2$	D029	0.7
2，4－二硝基甲苯	$C_7H_6N_2O_4$	D030	0.13
异狄氏剂	$C_{12}H_8Cl_6O$	D012	0.02
七氯	$C_{10}H_5Cl_7$	D031	0.008
六氯苯	C_6Cl_6	D032	0.13
六氯丁二烯	C_4Cl_6	D033	0.5
六氯乙烷	C_2Cl_6	D034	3.0
铅	Pb	D008	5.0
林丹	$C_6H_6Cl_6$	D013	0.4
汞	Hg	D009	0.2
甲氧氯	$C_{16}H_{15}Cl_3O_2$	D014	10.0
甲基乙基酮	C_4H_8O	D035	200.0
硝基苯	$C_6H_5NO_2$	D036	2.0
五氯酚	C_6HCl_5O	D037	100.0
吡啶	C_5H_5N	D038	5.0
硒	Se	D010	1.0
银	Ag	D011	5.0
四氯乙烯	C_2Cl_4	D039	0.7
八氯莰烯	$C_{10}H_{16}Cl_n$	D015	0.5
三氯乙烯	C_2HCl_3	D040	0.5
2，4，5－三氯苯酚	$C_6H_3Cl_3O$	D041	400.0
2，4，6－三氯苯酚	$C_6H_3Cl_3O$	D042	2.0
2，4，5－三氯苯氧基乙酸甲酯	$C_9H_7Cl_3O_3$	D017	1.0
氯乙烯	C_6H_3Cl	D043	0.2

表4.2 受管制无机元素和化合物的缩写及其相应的通用处理标准限值

物质	通用处理标准/(mg/L,TCLP)
锑	1.15
砷	5.0
钡	21
铍	1.22
镉	0.11
铬（总）	0.60
氰化物（总）	590
氰化物（适合）	30
铅	0.75
汞，循环时无废水	0.20
汞，其他的	0.025
镍	11
硒	5.7
银	0.14
铊	0.20
钒	1.6
锌	4.3

来源：美国环境保护署。通用处理标准（UTS）40 CFR §268.48。华盛顿：政府印刷局，1982。

所有生产或者分配光伏组件的美国公司都应该考虑《资源保护和恢复法》的规定。在使用结束时，这些组件就会被视为废物，根据现行规定，用户有责任确定废物分类和处置要求。因此，越来越多的客户和政府监管部门要求光伏制造商公开他们的废物分类，或通过收回程序来承担适当的处置这些组件的责任。对于美国的光伏制造商而言，这些要求是更为广泛的，他们必须依照《资源保护和恢复法》来处理自己生产过程中的废物和不合格的组件。

4.1.4 美国《濒危物种法》

1973年，美国国会通过了一项更全面的《濒危物种法》，授权美国鱼类和野生动物保护局保护濒临灭绝的国内和国际物种。推动新的立法是由于不受控制的物种濒危，因为它是“经济增长和未经充足考虑的发展和保护所带来的后果。”[11]该法案试图通过生态系统保护来保护生物多样性，并为出售濒危物种制定了刑事处罚。

有人质疑光伏装置和物种濒危之间的因果关系。2011年，美国公用事业单位的光伏组件安装容量比2010年增加了120%[12]，越来越多的人怀疑空气质量的改善是否值得为此建造太阳能农场而引起的物种迁移。例如，由于依据《濒危物种法》的环境调查结果，洛杉矶以东216mile的一个1000MW、占地7025英亩㊀的太阳能农场被叫停[13]。因为这是在公共土地上进行开发，环境影响评价担

㊀ 1英亩=4046.86m^2。

忧它将破坏对沙漠龟和莫哈韦流苏趾蜥蜴的保护。太阳能农场开发商同意在经济上支持栖息地更新。即使有了这些妥协，环保主义者也认为改用可再生能源造成了不可逆转的环境损害。

这些例子往往是从环境中提取的，并没有对光伏装置所带来的环境益处进行平衡考虑。在大多数情况下，光伏安装所占用的土地仍然可以保持其原始的用途。事实上，聚光光伏（CPV）装置在农业界很受欢迎，因为土地可以被双重利用。欧洲和美国的普遍做法是利用绵羊让周围的草保持在一个高度，让它们无法影响到这些光伏组件，这就使得在使用牧场时也能确保有效地生产能源。

还可以利用光伏装置恢复被污染的土地，例如封闭的垃圾填埋场。美国环境保护署（EPA）和程序分析应急中心通过教育推广并为光伏设施筹资，促进了美国封闭垃圾填埋场的振兴[14]。作为这项倡议的一部分，在 2008 年，休斯敦市从联邦政府获得 50 000 美元，用于在 300 英亩的封闭式填埋场上开发光伏装置。

与传统能源技术相比，CPV 的优势更加明显。当能源生产的基础是土地利用功能时，CPV（260m^2/GWh）装置相较于传统技术就比较有竞争力，例如在地表开采煤矿（240m^2/GWh）。然而，煤矿开采会造成不可逆的土壤损害，而光伏装置并不会造成这些后果。煤炭开采使土地不再适合农业用途，因为表土被大量清除，而且深层岩石也会暴露出来。虽然土地可以恢复到原来的外形，但恢复其原始肥力却很难实现[15-18]。此外，由于沉积层的破坏，采矿使土地更容易受到风和水的侵蚀。

4.1.5 政策改进方法

美国监管政策受到的最严厉的批评之一就是不平衡和执行的矛盾性。批评者声称，在一种介质中增加对污染物浓度的监管限制将导致污染物排放量增加。例如，他们担心限制镉的空气排放可能会导致制造商向城市供水系统排放更多的排放物。他们认为这是不可避免的情况，因为美国的各个机构在各种媒体上宣传控制污染的政策。

目前美国立法的目的是遵守法规，而不是改善现状。这样来唤起企业遵守法律是一种很低效的方法，因为企业更可能回应能激励变革的法规，通过减少污染源来降低生产成本。广泛减少污染源指的是一些减少废物的企业活动，如设计改进、环境友好型替代品、采购习惯的改变和制造材料的再利用。政府的目标应该是证明采用这些技术可以提高盈利能力。

最近的许多 EPA 项目的设计目的是专注于技术创新，同时降低排放和运营成本。浪费中的智慧（WasteWise）这个项目就是一个典型的例子。WasteWise 是一个自愿的项目，它采用组建团队的方法来减少污染源的产生[19]。该项目由一些有意减少浪费的合作公司执行。合作伙伴能获得技术援助，也有获得数据管理工具和其他教育材料的机会。该项目的支持者由联邦、州和当地的市政府组成，他们协助合作伙伴为减排而努力。除了促进了协同合作以外，该项目也取得了一些财务上的成功。例如，在 WasteWise 的协助下，威瑞森无线公司开发了“HopeLine”这个项目。Hopeline 修理人们不要的手机，一般将它们转售或捐赠给家庭暴力庇护所。不能再用的手机按照威瑞森无线公司的零垃圾填埋政策处理。2009 年，这个项目在防止浪费废旧手机和重新利用方面盈利了 3100 万美元[20]。

4.2　美国危险废物条例

目前，美国有数千个化学废料场。其中一些是已知的，有些是未知的，有些是因为无意释放，有些则是因为没有考虑后果就放弃而造成的[20]。一些引人注目的事件促使立法。其中一个例子是纽约州尼亚加拉大瀑布“爱运河灾难”，它在 1976 年受到了整个国家的关注，但在之前当地居民的抱怨一直无人理睬。故事开始于胡克化学公司，它是一家消费化学品和塑料制造公司，这家公司获得尼亚加拉瀑布电力和开发公司的许可，将其制造的垃圾倒入一个未建成的运河中，这条运河最初是为了连接尼亚加拉大瀑布和安大略湖而建造的。运河是用来水力发电以便为周边社区供电的，但在国会通过了一项禁止从尼亚加拉大瀑布引水的法律后，这些计划就被放弃了。然而，胡克化学公司在城市东南角的 36 个街区的运河里掩埋了 21 000t 有毒废物。这些用过的化学物质，包括烷烃、苛性碱、脂肪酸、氯化烃和染料，一直被埋到了 1953 年[21]。同年，胡克化学公司在说出了埋藏化学品的存在后，将土地卖给了尼亚加拉大瀑布教育委员会。学校建成后，这里又建造了许多社区，10 年后，居民开始抱怨有慢性疾病。这些抱怨似乎是有道理的，因为许多研究都把染色体损伤和癌症率较高的事件与运河的居民联系起来[22]。大多数专家一致认为，周围社区的建设严重地影响了健康，造成了土地的破坏，还使地下水位上升[23,24]。这两个事件都是由于掩埋的化学品使空中和水中的毒素浓度增加，进而使人类更容易暴露在充满毒素的环境中。

对此，美国国会于 1980 年通过了《综合环境反应、补偿和责任法》（CERCLA），也被称为《超级基金法》，以平复爱运河事件激起的民愤。该法案赋予 EPA 确定污染者并促使污染者恢复土地的权力。该法案聚集的大部分资金来源于对经常违规者的税收，特别是化工和石化公司[25]。当责任方无法确定时，联邦政府信托基金的资金将用于赞助恢复。指定用于进一步调查和潜在的清理地点都被记录在一个公开的国家登记册即国家优先名单（NPL）中。截至 2012 年 5 月 10 日，有 1305 个超级基金计划，有几百个地点已经恢复。

《紧急计划和社区知情权法》（EPCRA）作为 1986 年《超级基金修正案和再授权法》（SARA）的一部分，是提高当地社区风险意识的手段。在意外危险释放事件中，它需要紧急计划和社区通知机制。这种公开的沟通增加了社区信任，并确保利益相关者改进与经营活动相关的环境风险。

危险物质商业计划是当地工业和周边社区沟通的两种常用的方法之一。该计划是《加利福尼亚卫生和安全条例》［第25504节（a～c）］的要求，是《社区知情权法》的部分履行。它描述了一个企业如何处理潜在排放的行动计划。当企业使用危险或放射性化学品时，必须向当地监管机构提出申请。该计划必须包括在紧急情况下联系的业主或经营者、现场危险材料的种类和数量、地图、防泄漏程序、应急程序、雇员培训计划和记录程序。必须列入清单的危险材料是基于阈值的。这包括小于500lb㊀的固体、55gal㊁的液体和200ft^{3}㊂的气体。在这个清单中发现的一些常见化学物质包括油漆、石油产品、易燃物品、腐蚀物、油墨和肥料。这一公共记录可供当地居民查看，以确定当地光伏制造商使用的有害化学物质类型。

有毒物质排放清单（TRI）是社区拓广服务范围的另一种常见机制，通常被认为是过去几十年国家空气质量改善的最重要动力。它是一个国家数据库，包括超过593种危险化学品的释放、管理和处理要求。报告包括每年有意和无意的排放到空气、水或土壤中的排放物。例如，这份清单详述了对于位于加利福尼亚州的光伏公司的年度铅化合物排放量，以及这些化学物质是否被焚毁，送往危险废物填埋场，或回收。

根据流行和逐步淘汰的优先顺序，原始化学品清单已进一步细化为17种优先污染物（见表4.3）。镉和铅是优先淘汰的材料，这限制了美国光伏制造商的设计灵活性。

表4.3 EPA的17种有毒化学品清单

苯
镉及其化合物
四氯化碳
三氯甲烷
铬及其化合物
氰化物
二氯甲烷
铅及其化合物
汞及其化合物
甲基乙基酮
甲基异丁基酮
镍及其化合物
四氯乙烯
甲苯
三氯乙烷
三氯乙烯
二甲苯类

㊀ 1lb＝453.59237g。

㊁ 1gal＝3.785412L。

㊂ 1ft＝0.3048m。

4.2.1　浸出协议的类型

管辖特定管辖区的每一条规则都会指定一个优选的浸出报告来核实遵守情况；幸运的是，所有报告中都有一些共同点。例如，任何浸出试验的两个主要成分都是固体废物和液体提取介质，称为渗滤液。危害的定义取决于废物是否有将有害物质释放到一个渗滤液中的倾向。

废物暴露条件用于对浸出测试进行分类（见图 4.2）。在静态测试中，渗滤液的体积没有得到补充，从而产生了淋洗危险物质的平衡表达。在动态测试中，渗滤液会不断地得到补充，从而产生了淋洗有害物质的动力学表达。

在静态测试中，在有限的时间内，渗滤液与废物保持接触。这些萃取物被进一步细分为搅拌、无搅拌、连续萃取和浓度增加。对于经过搅拌和没有经过搅拌的萃取物，样品必须在测试前达到平衡。顾名思义，搅拌过的样本晃动了，而没有搅拌过的样本仍然是静止的。相比之下，连续的化学萃取需要一系列溶剂，来提高萃取效率。每次萃取预计都会增加被提取的危险物质的数量和种类。最后，浓度增加需要分析的样品反复暴露于相同的渗滤液中（见图 4.3）。它通常是通过将多个废物样品放入同一个渗滤液中来实现的。

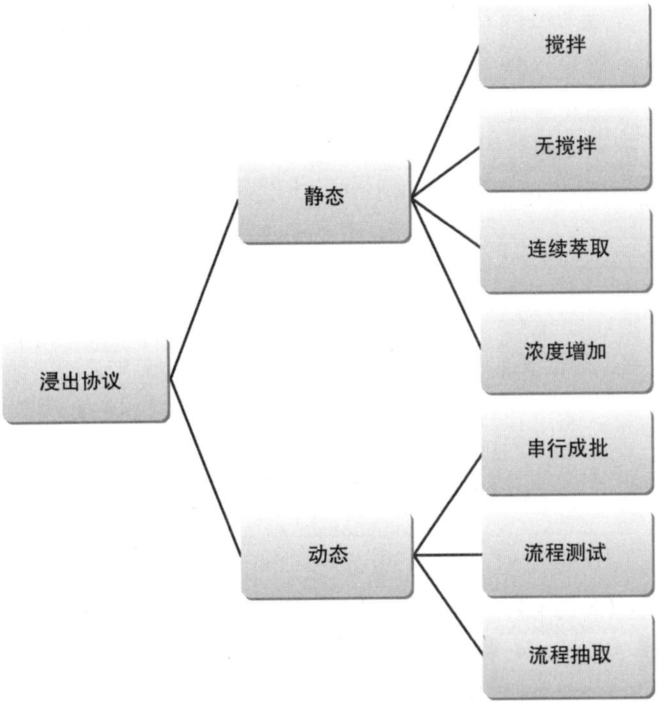

图 4.2　浸出协议分类

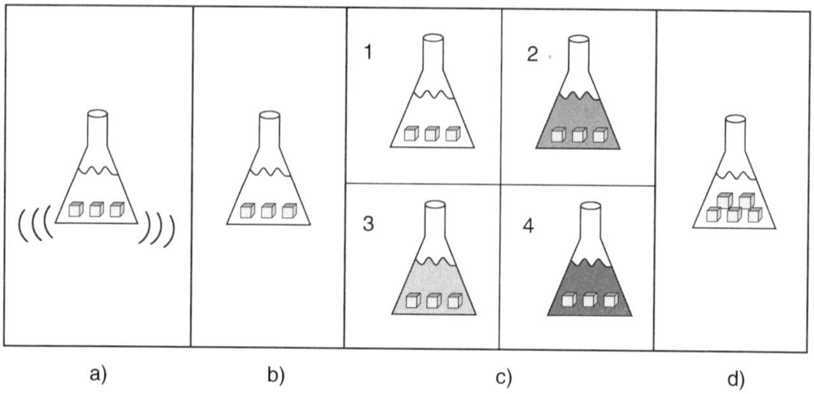

图 4.3　不同类型的静态测试：a）搅拌；b）静态；
c）四种不同的渗滤液连续萃取；d）浓度增加

动态萃取需要不断补充溶剂。通过设计，这些测试提供了溶解废物中有害物质的动力学信息。鉴于分析的化学复杂性，这种方法不具有开发环境政策所需的可重复性和稳健性。它几乎只在研发（R&D）中使用。

动态测试细分为串行成批、流程测试和流程抽取（见图 4.4）。这些测试的区别在于样品的制备。在串行成批试验中，材料被压碎和搅拌；在规定的一段时间后，去除渗滤液，添加了新鲜的渗滤液，并重复了这个过程。顾名思义，流程测试要求渗滤液在分析物的周围流动，这是它在测量整体废物时进行的适当的测试。流程抽取测试，允许液流在粒子和粒子的核心之间流动。它通常用于测量多孔样品。

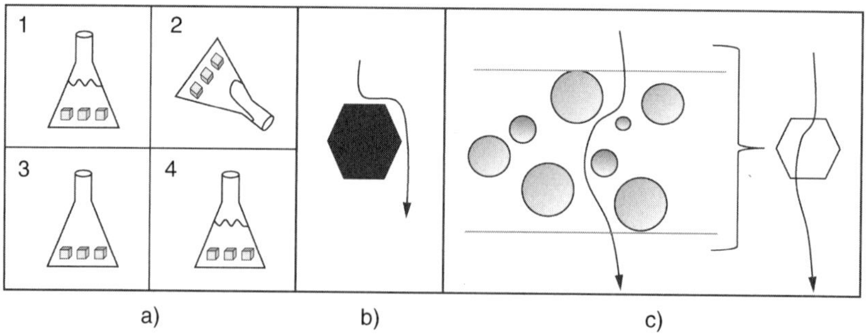

图 4.4　不同类型的动态测试：a）串行成批试验：①带有渗滤液的经过搅拌的废液，
②去除渗滤液，③添加的新鲜渗滤液，④带有渗滤液的经过搅拌的废液；
b）流程测试；c）流程抽取

无论类别，液固比、颗粒大小、停留时间、渗滤液组成和混合方法都被用来描述浸出协议。低液固比、小直径颗粒、长停留时间和多次冲洗的组合是最严格的测试方法[26]。首先测量液固比，用固体材料滤出液体的体积（L/kg）来测量。由于废物粒子浓度的增加，预计会有更多的化学物质以较低的比例溶解。类似地，小直径的废物颗粒具有较大的提取面积，更容易使危险物质的浓度更高。暴露时间和多重冲洗会影响实验中观察到的化学平衡。较长的停留时间为危险物质在检测前增加浓度提供了更多的机会。多个酸性物质萃取模拟反复暴露在降雨中。通过重新建立固液界面上的浓度梯度，使容器中有新鲜的渗滤液，会导致更多的化合物从废物中排出。

在提取之后，每一种协议的最后一步都是确定受管制的有害物质在浸液中的浓度。适当的分析依赖于确定的化学物质，而大多数的规章制度提供了一些关于首选分析的指导。在美国联邦的协议中，用气相色谱-质谱（GC-MS）分析了有机化合物，包括挥发物、半挥发物和除草剂，而无机化合物是用电感耦合等离子体质谱（ICP-MS，方法6010B）[27]来测量的。通过将结果与一系列已知标准进行比较，可以确定浓度。将浓度与可适用的监管限制进行比较，以确定样品是否应被认定为危险物。

这些有害物质中的一些可能是具有挥发性的，在固体废物或渗滤液中表现出很低的溶解度。为了控制波动引起的变异性，美国法规规定了开始浸出协议的保温时间和顺序分析（表4.4）。例如，有机化合物必须在取样后14天和提取后40天内测量。无机化合物可以在提取后长达180天内进行测量，在另一个180天之前必须通过渗滤液分析。

表4.4　基于美国联邦要求的有机和无机化合物的保温时间

保温时间	有机物	无机物
采样后，浸出前	14天	180天（除了水银28天）
浸出后，分析前	40天（除草剂和不挥发物），14天（挥发物）	180天（除了水银28天）

4.2.2　美国废物描述协议

从历史上来看，美国环境保护署（EPA）根据一种保守的设想，制定了一种危险的废物处理方案，即不当的废物管理可能导致在地下蓄水层附近的垃圾掩埋场产生危险废物。根据这种情况，废物可以被压碎，用微酸性雨水提取出来，然后冲进饮用水分配系统中。因此，为了模拟这种情况，设计了浸出协议，而危险分类则是基于水标准设定的浓度限制。

具体来说，浸出毒性（EP Tox）试验是第一个渗滤液协议，它是EPA为响应《资源保护和恢复法》而制定的[28,29]。浸出毒性试验采用0.5 N醋酸溶液以保持pH值为5（见表4.5）。液固比为16:1，停留时间为24h。危险废物是根据国家饮用水暂行标准（NIPDWS）规定的14种金属物质的浓度来决定的。

从1984年的《危险和固体废物修正案》到《资源保护和恢复法》都要求EPA处理提取程序的缺陷[30]。人们普遍担心的是，浸出毒性试验优先洗脱无机化合物，却将有害的有机物质留在母体中。为了解决这些问题，EPA被授权去解决方案中任何可能导致优先洗脱的缺陷。结果是毒性特征浸出程序（TCLP）[31]至今仍在使用中。为了提高提取效率，这个过程需要两种可能的提取方案中的一个。使用哪种解决方案取决于溶液的碱性。限制物质的清单也被扩展到40种化合物，更强调对有机物的限制。

表4.5 浸出协议、适用的管辖范围、分类、液固比、萃取时间和pH值

浸出协议	管辖范围	类型	液固比	萃取时间/h	pH值
浸出毒性试验	美国联邦	静态/搅动	16∶1	24	5.0 ± 0.2 (0.5 N乙酸)
TCLP	美国联邦	静态/搅动	20∶1	18	4.93 ± 0.05 2.88 ± 0.05
加利福尼亚州废物提取试验	仅加利福尼亚州	静态/搅动	10∶1	48	± 0.1 （氢氧化钠/柠檬酸）
美国测试和材料学会（ASTM d3987－85）	美国	静态/搅动	20∶1	18	测试材料的pH值

废物可以有许多不同的阶段。TCLP测试解决固体、污泥和液体的问题。固体废物被粉碎，通过一个9.5mm的过滤器，并放置在去离子化的水中。对pH值进行了测试，并根据溶液的pH值选择液体萃取介质，pH值低于5，使用萃取液1；pH值高于5，使用萃取液2。萃取液1中含有乙酸和氢氧化钠缓冲液，pH值为4.93±0.05；萃取液2只需要乙酸，pH值为2.88±0.05。解决方法是在溶液中过滤了18h，使固体从液体中过滤出来。最后一步是测试有害物质的渗滤液。如前所述，用ICP－MS来测量无机物，而有机物则用GC－MS来测量。沉淀物是等于或超过0.5%干固体的混合物。对于沉淀物，分别分析固体和液体相。固体部分需要通过先前描述的协议。废液会遵循所述的协议，不遵守体积缩小的要求。

如果已知废物成分，计算可以代替实验室分析（EPA方法1311的1.2节）。理论计算通常被称为20规则，因为TCLP要求将废物的初始值稀释1/20。危险渗滤液的理论浓度 E 等于危险分解物的重量部分除以总溶液的体积［式(4.1)］。危险分解物的重量部分是液体体积 B（L）和被分析物的浓度 A（mg/L）的乘积，加上产品的浪费样品中分析物的浓度 C（mg/kg）和废物的重量 D

（kg）的乘积。溶液体积等于液体溶液的体积 B 与稀释因子和样本重量的乘积的总和。

$$A = \frac{A \times B + C \times D}{B + (20\text{L/kg} \times D)} \tag{4.1}$$

这个计算假设所有受管制物质都将从废物中滤出。事实上，正如前面所描述的那样，浓度高度依赖于液固比、颗粒大小以及提取时间。因此，这是对液体、固体和沉淀的保守计算。为了进行物理实验，必须分别对固体和液体部分[32]进行单独的计算，以验证这两种方法都不超过规定的限制。

TCLP 计算实例：

A = 每升溶液 12mg 镉（mg/L）= 产品中的总镉（0.39）（31）除以 1L 溶液（B）

B = 1L 溶液（L）

C = 每千克组件 0.39mg 镉（mg/kg）

D = 31kg 组件（kg）

$$E = \frac{A \cdot B + C \cdot D}{B + (20\text{L/kg} \times D)} = \frac{(12\text{mg/L})(1\text{L}) + (0.39\text{mg/kg})(31\text{kg})}{1\text{L} + (20\text{L/kg})(31\text{kg})} = 0.39\text{mg/L}$$

理论浓度低于镉的极限 1mg/L（见表 4.1）。

加利福尼亚州的环境管理机构——有毒物质控制部门（DTSC），已经选择使用更严格的协议来确定其境内的危险废物的名称。如前所述，联邦政府的要求低于各州的要求。因此，如果废物在联邦 TCLP 测试中失败，它将被自动指定为危险废物（见图 4.5）。如果它通过了联邦 TCLP 测试，那么它将根据更严格的州要求的总阈值限制浓度（TTLC）测试进行测试。一个 TTLC 测试测量被消化的废物中含有的限制化合物的总量。它是通过粉碎废物和利用硝酸消化来提取有害物质的。如果限制物质超出 TTLC 限制，它被认为是仅限加利福尼亚州的危险废物。

如果废物通过了 TTLC 测试，那么就必须在做出废物的指定之前考虑一个国家强制的浸出协议的结果。TTLC 的测量方法可以应用 10 倍的稀释因子来估计浸出试验的预期结果。具体来说，如果 TTLC 的结果低于 TTLC 限制，但是超过 10 倍的可溶性阈值限制浓度（STLC），那么就必须按照加利福尼亚州的第 22 条法规废物提取试验（WET）来执行一个浸出协议。该协议要求较低的液固比和较长的提取时间，这使其成为更严格的浸出过程。如果危险物质超出 STLC 限制，那么这些废物被认为是仅限加利福尼亚州的危险废物。如果它们低于 STLC 限制，那么这些废物是无害的，可以放置在当地的垃圾填埋场中。

最后，美国测试和材料学会（ASTM）已经开发出了许多流行的标准。ASTM D3987－85：用于研究固体废物的标准测试方法，通常用于研发中[33]。该标准用于帮助生产商们描述他们的排放，而众所周知，垃圾填埋场的自然分解是很糟糕的。例如，浸出液是由离子化的水和废物混合而成的，比例是20∶1。在18h的测试中，没有必要增加缓冲液来维持pH值，最终的浓度代表了废物的特性。考虑到实际情况的糟糕模拟，监管机构很少使用这种测试来制定监管限制。

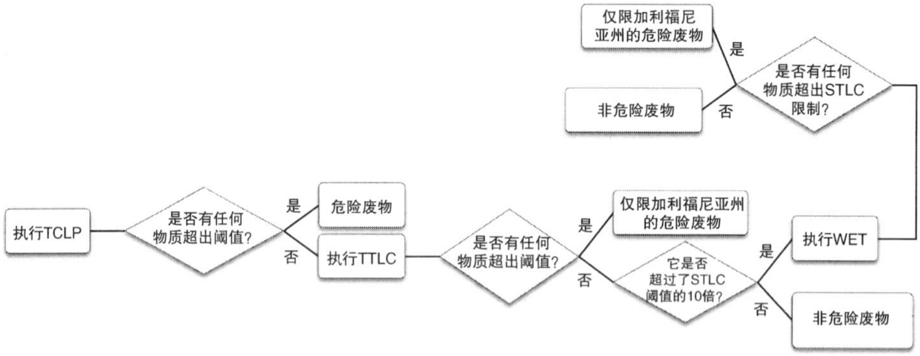

图4.5 加利福尼亚州危险废物的决策树

4.2.3 光伏组件和美国废物描述协议

只有少数发表的报告披露了光伏组件的浪费特性[34,35]。废物鉴定结果被认为是专有的，因为这些洗脱的化学物质和它们的相对浓度可以用来减少光伏电池的化学反应。例如，高水平的锌可能表明，薄膜制造商使用的是硫化锌，而不是硫化镉缓冲层。尽管很少公开测试结果，但美国所有的光伏组件都具有相同的固体废物协议。

在美国，光伏组件必须按照TCLP的标准进行测量。TCLP要求整个光伏组件被磨成碎片，混合使用合适的溶液，浸泡18h，过滤[36]。分析各种危险金属和有机化合物的液体滤液。任何物质超出监管的浓度，都会被指定为危险废物。例如，如果发现铅超过5mg/L，该光伏组件则被指定为危险废物，它的退役成本也会增加。

考虑到加利福尼亚州的光伏制造商和客户的高度集中，许多光伏制造商也基于更严格的加利福尼亚州的危险废物协议来描述他们的光伏组件。如果一个光伏组件通过了联邦TCLP测试，但是在TTLC和WET测试中失败了，那么这个光伏组件是仅限加利福尼亚州的危险废物，在加利福尼亚州处理时，它会有严格的要求。

受管制的物质依赖于光伏组件结构中所包含的单元技术。无机元素是大多数光伏技术的主要问题。铅、银和铜被用于晶体硅组件的电气触点和网格线。镉被用于碲化镉组件，它的浓度较高，通常高于规定限制[36]（见表4.6）。铜铟硒

(CIS) 电池在活性层中含有硒，这种活性层通常存在于触发危险指示的浓度中。

表 4.6 光伏技术，常见的 TCLP 和 TTLC 结果

光伏技术	TCLP 结果（问题元素）	TTLC 结果（问题元素）	废物名称
晶体硅	失败（铅）	失败（铅、银、铜）	所有州的危险废物
碲化镉	失败（镉）	失败（镉）	所有州的危险废物
铜铟硒	通过	失败（硒）	仅限加利福尼亚州的危险废物

来源：V. Fthenakis，对光伏组件的处置规定和回收。华盛顿：科学技术信息办公室，Brookhaven 国家实验室，2001。

4.3 欧盟的废物描述和规定

欧盟（EU）各成员国有自己的表征方法来识别危险废物[37,38]（见表 4.7）。测试协议的多样性给那些试图处理光伏组件的人带来了广泛的困惑。不同的颗粒大小、液固比和萃取时间都会导致试验结果的不同，也会有不同的废物名称。

欧盟的指令是用来协调这些废物特性定义和协议的。例如，会员国确保其议定书与 1999 年制定的欧盟垃圾填埋场指令（1999/31/EC）一致，并于 2002 年修订。该指令将三种主要的垃圾填埋分类为有害废物掩埋场、无害垃圾掩埋场和惰性废物掩埋场。废物的指定取决于测试的结果。根据该指令的第 1 条规定，会员国所使用的描述程序应与欧盟委员会（CEN，或欧洲标准化委员会）的建议以及先前在英国使用的两个串行处理测试（BS EN 12457 -4）相一致。

表 4.7 常见废物表征标准、管辖范围、颗粒大小、液固比和萃取时间

标准	管辖范围	颗粒大小/mm	液固比	萃取时间/h
BS EN 12457 -4	英国	<4	2:1 ~ 10:1	6 ~ 24
DIN 38414 S4	德国	<10	10:1	24
AFNOR x 31 -210	法国	<4	10:1	16
NEN 7341	荷兰	<125	50:1	3

来源：H. A. Van Der Sloot 和 L. Heasman，协调/萃取测试。阿姆斯特丹：爱思唯尔科学，1997 年；H. A. Van Der Sloot，D Hoede，P. Bonouvrie，不同的管理浸出测试程序和废物材料及建筑材料的比较。Petten，荷兰：荷兰能源研究基金会，1991 年。

BSEN 12457 -4 描述了被指定为零件的相关浸出方法。协议有三个部分，每个部分都有不同的条件。有三种废物名称（即无活性废物、稳定无反应的危险废物，以及在类似的垃圾填埋场处理的危险废物）。危险废物的指定和处置地点是基于浸出试验中确定的危险成分的浓度确定的。第 1 部分要求的颗粒尺寸小于

4mm，液固比为2:1，停留时间为24h；第2部分要求的颗粒尺寸小于4mm，液固比为10:1，停留时间为24h；第3部分发生在两个步骤中。对于小于4mm的颗粒，测试是用2:1的液固比和6h的停留时间来进行的；而第二步使用的是相同的颗粒尺寸，以8:1的液固比和18h的接触时间为标准。第1部分和第3部分被指定为高固体含量，它们的干重都超过33%。渗滤液是所有阶段的离子化水，危险浓度基于干重比（mg/kg）来确定[39,40]（见表4.8）。

表4.8 规定的组件，相应的缩写，TTLC、STLC、BS EN 12457的浸出限制

物质	缩写	TTLC /(mg/kg)	STLC /(mg/L)	设置1 BS EN 12457/(mg/kg)	设置2 BS EN 12457/(mg/kg)	设置3 BS EN 12457/(mg/kg)
银	Ag	500	5			
砷	As	500	5	25	2	0.5
钡	Ba	10 000	100	300	100	20
铍	Be	75	0.75			
镉	Cd	100	1	5	1	0.04
钴	Co	8 000	80			
铬	Cr	2 500	5	70	10	0.5
铜	Cu	2 500	25	100	50	2
钼	Mo	3 500	350	30	10	0.5
镍	Ni	2 000	20	40	10	0.4
铅	Pb	1 000	5	50	10	0.5
锑	Sb	500	15	5	0.7	0.06
硒	Se	100	1	7	0.5	0.1
铊	Ti	700	7			
钒	V	2 400	24			
锌	Zn	5 000	250	200	50	4
汞	Hg			2.0	0.2	0.01
氯化物	Cl^-			25 000	15 000	800
氟化物	F^-			500	150	10
硫酸盐	SO_4^{2-}			50 000	20 000	1 000
总溶解固体	TDS			100 000	60 000	4 000
溶解有机碳	DOC			1 000	800	500

注：设置1：有害废物场地；设置2：无害废物场地；设置3：惰性废物场地，限制仅适用于BS EN 12457：第3部分。

来源：A. Perera, A. Al - Tabbaa, J. M. Reid和J. A. Stegmann，英国国家实践报告的稳定/固化处理和修复，第四部分：测试和性能标准2005。国际稳定/固化处理和修复会议论文集。Boca Raton, FL：2005年；英国环境局，关于抽样和测试废物的指导，以满足垃圾掩埋场的验收程序，第1版。伦敦，2005年4月。

4.4 美国的包装指令

在美国，纸张和纸制品在历史上一直是城市垃圾中占比最高的垃圾。在20世纪60年代，纸张和纸制品共产生24910t的垃圾，截止到1990年，增加到52 500t[41]（见图4.6）。在同一时期，塑料垃圾从390t增加到16 760t，几乎是线性增长的。这种塑料垃圾的增长是在20世纪60年代初的热塑性塑料和热固树脂的发明和商业化之后开始的。塑料用来代替昂贵的玻璃和金属，用于耐用消费品的包装。

为了解决这个日益严重的问题，美国国会于1970年通过了《污染预防包装法》，1990年更名为《污染预防法》。该法案强调通过资源的重新包装消除有害的包装，并进行污染防治。尽管由EPA负责执行联邦法案，但是包装条例还是由各州执行的。加利福尼亚州、康涅狄格州、佛罗里达州、佐治亚州、伊利诺伊州、艾奥瓦州、缅因州、马里兰州、明尼苏达州、密苏里州、新罕布什尔州、新泽西州、纽约州和宾夕法尼亚州都采用了由东北州长联盟（CONEG）起草的《包装法》。《包装法》中示范毒物要求制造商降低包装和包装部件中的含有镉（Cd）、铅（铅）、六价铬（Cr^{6+}）和汞（Hg）的浓度。豁免条件因州而异。

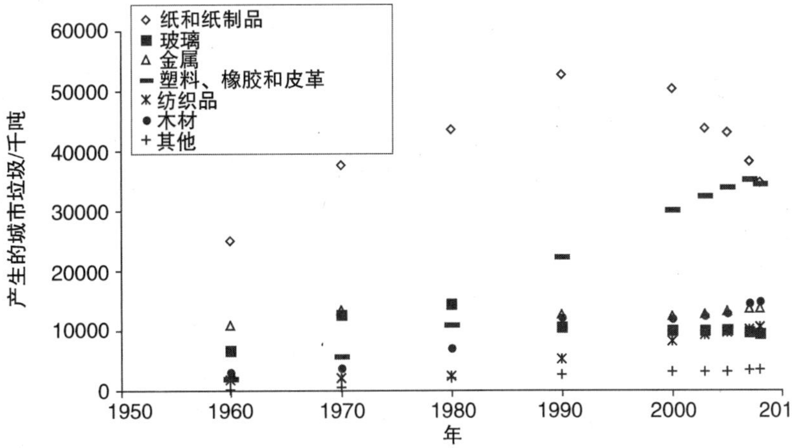

图4.6 美国每年产生的城市垃圾（来源：EPA，资源保护与恢复办公室，2009年11月在美国城市固体废物发电、回收和处理：2008年表3的详细表格和数据。华盛顿：政府印刷局，2009年）

以加利福尼亚州的包装规定为例。2006年1月1日，加利福尼亚州有毒物质控制（DTSC）部门修订了加利福尼亚州健康与安全规程（25214.11 ~

25214.26 条），限制包装中的镉、铅、六价铬和汞，并将包装中的汞含量限制在 10^{-4}以下。这些元素的使用始终受限。截至 2010 年 1 月 1 日，该规定的许多豁免已到期。目前，可再生材料、可重复使用的材料、控制分发以及重复使用示范仍旧没有豁免［卫生和安全守则，第 25214.14(e)(1)条］。唯一的例外是玻璃容器中有玻璃化的标签。特别的是，对于含铅或含铅化合物的油漆或陶瓷装饰，其重量低于阈值的 0.06%（wt %）。

大多数州要求制造商有一份合格的证明文件，而另一些州只要求在客户或政府机构查询时提供证书。光伏制造商应获得其包装制造商的合格证明。国家有权对发现产品不符合规定的制造商进行罚款。

4.5 欧盟的包装指令

欧洲在 1985 年 6 月 27 日建立的关于饮料容器的指令（85/339/EEC）是管理消费者包装废弃物的第一次尝试。它为饮料容器设定了回收配额，要求会员国制定回收和出售集装箱的计划。因此，许多回收项目依赖于旧集装箱材料的收入来支持其回收基础设施。当在没有回收项目的国家购买这些集装箱时，参与的项目由于收入的减少而面临崩溃的危险。

欧盟委员会认为，协调立法将会对环境产生更大、更积极的影响。因此，1994 年 12 月 20 日颁布了包装和包装废物指令，并于 2004 年完成了修订。包装和包装废物指令（94/62/EC）是一项减少废物来源的政策，首在降低所有包装材料对环境的影响。该指令的目的是通过增加重复利用和回收来减少废物的累积。

包装和包装废物指令需要有三种要求。首先，重量和体积必须减少到一个工程极限，这不会妨碍封装的产品的性能。其次，必须尽量减少有害物质，包括少于 10^{-4}的镉（Cd）、汞（Hg）、铅（Pb）和六价铬（Cr^{6+}）。大多数国家要求供应商提供材料声明，披露用于包装的材料，并声明受管制物质不会超出上述限制。第三，包装必须设计为可重用或可恢复的。

对包装和包装废物指令的各种修改已经调整了指标、优先目标和规定了时间。该指令为基于包装计划的回收和重复利用工作设定了更高的里程碑和更大的计划。在 20 世纪 90 年代中期，该指令提出，到 2001 年，所有包装垃圾的50～65wt%都要恢复，到 2008 年，这一数字将至少增加到 60wt%。到 2001 年，回收包装材料的总数量是 25～45wt%，到 2008 年增加到 55～85wt%。农村地区和岛屿的时间延长。具体来说，希腊、爱尔兰和葡萄牙制定这些配额的时间更长。同样在 2008 年，决定减排目标应该按物质分类。玻璃、纸张和纸板的减排目标最高（60%），紧随其后的是金属（50%）和塑料（22.5%）。木头有最小的减排目标（15%）。

与所有的指示一样，它的执行将留给各个成员国，并期望通过国家法律来确保遵守指令。每个国家都在其国家法律和法规中包含了这一指令的要求，并为执行提供了一个报告机构。由于确保商人遵守该指令就需要收集有效且准确的数据，因此进口商、生产者和分销商就要向相关的监管机构注册。至少，一些国家要求生产商向客户提供合规证书。在其他国家，公司也必须提供一种方法，让消费者通过回收计划或第三方回收关系来回收包装。

4.6　光伏组件制造商和包装指令

用于将光伏组件运送到安装站点的包装是在机械稳健的设计和环境的可持续性之间的一个谨慎的平衡。包装必须足够坚固，以保护光伏组件免受在卡车、飞机和火车运输过程中出现的强烈振动和加速。这通常需要使用金属、工程聚合物和木材，从而制造出一个机械结实的包装。所有这些包装材料都受到越来越多的监管限制，要求包装工程师开发创新设计，在使用更少的材料时不要破坏性能（见图 4.7）。理想的包装应该有足够的材料使组件安全到达，并且由可生物降解的，可循环利用的，或可重复使用的材料组成，这些材料在生产者赞助的回收计划中能被重新加工。

图 4.7　薄膜组件的边缘，背景为纸板间隔物。这些组件用纸板包装运送，并在间隔物之间垂直排列

大多数光伏组件制造商都在积极地重新设计包装箱，以减少对材料的需求。一种常见的技术是组件的自嵌套，以避免使用垫片。一些制造商已经在包装中加入了可回收塑料和森林管理委员会（FSC）认证的木材。另一些则提供了一个重用程序，该程序将装货箱返回给制造商进行翻新和重复使用。在多个地方不断增加的监管压力最终将使这些包装设计和生产者的责任行为成为对所有光伏组件制造商的强制要求。

4.7 有害物质限制指令

危险物质限制指令（RoHS）限制了镉、汞、铅、六价铬、两溴化阻燃剂、多溴联苯（PBB）和多溴联苯醚（PBDE）的使用。这些化合物不允许在 10^{-3} 以上的均相组分中，而镉则不允许超过 10^{-4}。

制定 RoHS 是为了迫使生产者从电子产品中移除这些有害成分。每一种物质都已成为目标，因为都有一种已确认无毒的替代品。此外，根据目前最先进的分析仪器和提取程序的检测极限，设置了限制。大多数制造商都有自己的合规标签；不过，有附带标志的第三方认证也可以从外部机构获得，比如保险商实验室（UL）。在产品标签上通常列出一种符合标准的产品，如"UL 认证，符合欧盟 RoHS 所规定的限制"。

生产商、进口商和零售商都负责核查符合 RoHS 的部件是否被放置在欧盟市场上。在大多数法庭上，为犯罪意图辩护不是正当的辩护。此外，供应商遵守 RoHS 认证的证书通常不足以确认是否符合规定。一个成功的法律保护通常要求生产者证明已采取合理步骤和注意事项，以避免违规进行尽职调查。尽职调查需要一个系统来识别可能导致不服从的材料和过程。大多数制造商都将 RoHS 作为其质量控制系统的一部分。人员必须接受培训，以识别不符合要求的部件。应采取隔离检疫系统，清除和标识各部分，以避免其使用。也必须提供一个书面日志，以验证他们确实遵守了规定。

通过对每一种材料的代表性成分进行检测，并执行一系列的分析测量来验证铅、镉、汞、六价铬和阻燃浓度[42]（见图 4.8）。这一共需要三个复制样本。铅、镉和汞含量都可以用酸消化和过滤的样品来测量。如果在过滤器上留下残留物，硝酸或盐酸应将其溶解，与液体滤液结合，并用离子耦合等离子体吸收光谱（ICP - AAS）来测量。在 ICP - AAS 中，每个元素都有其吸光度的特征波长，而吸光度的强度可以与已知的标准相比较，以确定浓度。

如果过滤器上没有残留物，那么液体滤液可以直接用 ICP - AAS 测量。与之相反，六价铬是用碱性溶液萃取，过滤后用着色剂显影。样品的浓度是根据紫外和可见光光谱的吸光度，与已知标准的吸光度峰值进行比较来计算。最后，用溶剂萃取法将阻燃剂从基质中去除，并通过花式硅酸镁进行试样，去除任何干扰成分，用气相色谱 - 质谱（GC - MS）分析。与已知的标准相比，从气相色谱的洗脱峰来计算阻燃剂的浓度。洗脱高峰期的保留时间与质量色谱图上的质量片段相结合，可以对阻燃剂进行严格的鉴定。

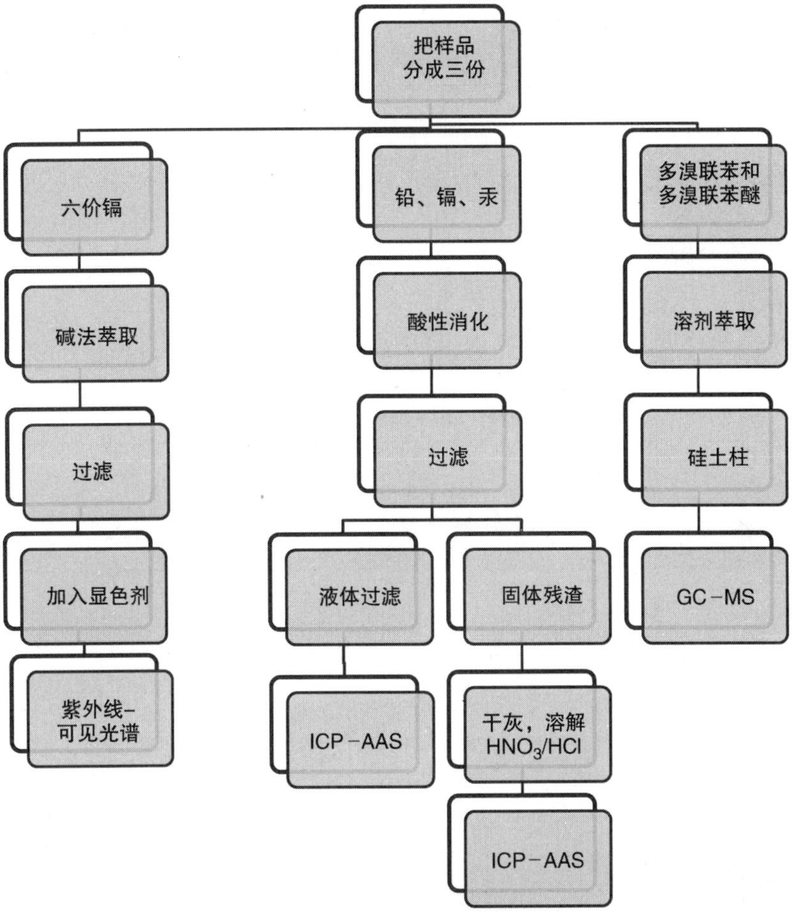

图 4.8　RoHS 的遵从性测试

4.8　化学品的注册、评估、授权和限制

化学品的注册、评估、授权和限制（REACH）是欧洲的一项指令，旨在为有害化学品的注册、评估和授权提供一个系统。受管制的化学品被指定为致癌，诱变，生殖毒性、持久性、生物蓄积性和毒性（PBT），高持久和高生物蓄积性（vPvB），严重的和/或不可逆转地损坏环境或人类健康[43]（见表 4.9）。REACH 指令提供了简明的定义和标准，这些化学品必须与上述类别中的一种相关联。

欧洲议会于 2006 年 12 月通过了立法。它是由总部设在芬兰赫尔辛基的欧洲化工机构（ECHA）执行的。ECHA 维护两个重要的清单，即高关注物质（SVHC）候选清单和授权清单（见表 4.10 和表 4.11）。SVHC 候选清单目前包含 73 种正在考虑放置在附件 XIV 上的物质，也称为 SVHC 授权清单。授权清单目前包含14种物质，并且它们都已经被计划和公布了。

REACH要求对欧盟制造商和经销商生产、进口或使用的某些物质必须进行注册。两个条件都必须适用。首先，进口商必须进行注册，并在该物质“有意释放”的情况下，通知ECHA。如果清单上一种物质的浓度超过0.1%（% w/w），那么就需要进行注册。这种说法的一般解释是，必须对总产品进行分析，以确定重量百分比。然而，包括奥地利、比利时、丹麦、法国、德国和瑞典在内的6个国家已经提出了重新解释的建议，因此0.1% w/w指的是产品的任何同质成分或部分。直至本书出版时，关于这个解释的决定尚未确定。其次，如果在欧盟市场上放置了超过1t/年的SVHC化学品，REACH要求制造商提交一份注册备案文件。然后，ECHA对注册进行评估，可能需要基于该化学品的身份认证。

表4.9 REACH类别及其定义

类别	定义
生殖毒性	已知干扰正常生殖过程
致癌	已知的癌症病因
诱变	已知的引起基因突变的物质
持久性、生物蓄积性、毒性（PBT）	必须满足三个标准： 1. 持久性： • 在海水中的半衰期大于60天 • 在淡水或江水中的半衰期大于40天 • 在海洋沉积物中的半衰期大于180天 • 在淡水或河口沉积物中的半衰期大于120天 • 在土壤中的半衰期大于120天 2. 生物蓄积性： • 生物富集因子大于2000 3. 毒性： • 长期未见效果 （海水或淡水浓缩液，生物体小于0.01mg/L） • 归类为致癌、诱变或生殖毒性 • 根据指令67/548/EEC，分类为T、R48或Xn、R48的慢性毒性证据
高持久和高生物蓄积性（vPvB）	必须满足所有的标准： 1. 持久性： • 在海洋、淡水或河口水域中的半衰期大于60天 • 在淡水、海洋或河口沉积物中的半衰期大于180天 • 在土壤中的半衰期大于180天 2. 生物蓄积性： • 生物富集因子大于5000
严重的和/或不可逆转地损害环境或人类健康	需要科学信息，并根据个案评估

来源：欧洲议会和2006年12月18日欧洲议会的化学品的注册、评估、授权和限制（REACH），建立欧洲化学品机构的官方期刊L396。布鲁塞尔，2006，1－849。

表 4.10　REACH 高关注物质候选清单和应用示例

高关注物质候选清单	应用示例
六溴环十二烷（HBCDD）	阻燃剂
三丁基氧化锡（TBTO）	杀菌剂
邻苯二甲酸二（2-乙基己）酯（DEHP）	塑化剂
蒽	染料
二甲苯麝香	香水
4，4’-亚甲基联苯胺（MDA）	对环氧树脂固化剂
邻苯二甲酸二丁酯（DBP）	塑化剂
五氧化二砷	着色剂
三乙基砷酸盐	杀虫剂
砷酸氢铅	杀虫剂
邻苯二甲酸丁基酯（BBP）	塑化剂
烷烃、C10-13、氯（短链氯化石蜡）	金工，阻燃剂
三氧化二砷	玻璃和电子产品
重铬酸钠	颜料
铬酸铅	颜料
2，4-二硝基甲苯	增塑剂、炸药
蒽油、蒽糊、轻油	染料和半导体
钼铬红（C. I. 颜料红 104 号）	颜料
邻苯二甲酸二异丁酯	塑化剂
铬酸铅	着色剂
蒽油、蒽糊、蒽馏分	颜料
蒽油	颜料
三（2-氯乙基）磷酸酯	阻燃剂
欧洲议会和理事会于 2008 年 12 月 16 日通过的关于分类的第 1272/2008 号条例（EC）附录Ⅵ中的第 3 部分表 3.2 中的索引号 650-017-00-8 包含的硅酸铝耐火陶瓷纤维、物质和混合物的包装及标记满足以下两个条件：①氧化铝和二氧化硅在以下浓度范围：氧化铝为 43.5~47% w/w，二氧化硅为 49.5~53.5% w/w；或氧化铝为 45.5~50.5% w/w，二氧化硅为 48.5~54% w/w。②在每 6μm 或者更短的纤维长度加权几何平均直径小于两个标准几何误差	高温绝缘体
欧洲议会和理事会于 2008 年 12 月 16 日通过的关于分类的第 1272/2008 号条例（EC）附录Ⅵ中的第 3 部分表 3.2 中的索引号 650-017-00-8 中包含的氧化锆硅酸铝耐火陶瓷纤维、物质和混合物的包装及标记满足以下两个条件：①氧化铝、二氧化硅和氧化锆在以下浓度范围：氧化铝为 35~36% w/w，二氧化硅为 47.5~50% w/w，氧化锆为 15~17% w/w；②每 6μm 或者更短的纤维长度加权几何平均直径小于两个标准几何误差	飞机和汽车绝缘体
蒽油，低含蒽量	制造炭黑、密封剂和防腐剂

（续）

高关注物质候选清单	应用示例
蒽油、蒽糊	制造炭黑、密封剂和防腐剂
沥青、煤焦油、高温物质	封孔涂层
丙烯酰胺	塑料和化妆品
三氯乙烯	干洗溶剂
七水合四硼酸钠	玻璃、陶瓷、洗涤剂
铬酸钾	颜料
铬酸钠	腐蚀抑制剂
重铬酸铵	染料、感光胶片
重铬酸钾	清洁剂、水泥配方
无水四硼酸钠	清洁剂、化妆品
硼酸	防腐剂、杀虫剂、玻璃生产
钴（Ⅱ）酯	电镀金属合金
三氧化铬	镀铬
碳酸钴（Ⅱ）	膳食补充品
二乙酸钴（Ⅱ）	油墨
铬酸生成的酸以及它们的低聚物；铬酸、重铬酸、铬酸和重铬酸的齐聚物	金属涂饰剂、木材防腐剂
2－甲氧基乙醇	溶剂、喷气燃料除冰器
硫酸钴（Ⅱ）	颜料
2－乙氧基乙醇	油墨、染料、树脂、油漆
肼	聚合催化剂
邻苯二甲酸二（C6－8 支链与直链）烷基酯，富 C7	增塑剂、粘合剂、油墨
1－甲基－2－吡咯烷酮	在电子制造中剥离光刻胶、清洁剂
乙二醇乙醚醋酸酯	涂料
1，2，3－三氯丙烷	脱漆剂、清洁剂
邻苯二甲酸二（C7－11 支链与直链）烷基酯	聚氯乙烯或泡沫、电缆和电缆用增塑剂
铬酸锶	耐腐蚀涂料
二氯化钴	油墨
2，2’－二氯－4，4’－二氨基二苯基甲烷	固化剂
砷酸钙	金属精炼
双（2－甲氧基乙基）醚	电池电解质、密封剂和粘合剂
砷酸铅	冶金细化
苦味酸铅	雷管的混合物
甲醛与苯胺的低聚反应产物	对树脂和粘合剂的硬化剂
氢氧化铬酸锌钾	航空涂料
二叠氮化铅、叠氮化铅	雷管炸药

（续）

高关注物质候选清单	应用示例
胂酸	木材防腐剂、玻璃和金属涂饰剂
酚酞	药用目的和实验室用途
二氯乙烷	脱脂剂和脱漆剂
双（2-甲氧基乙基）酯	塑化剂
二甲基乙酰胺	粘合剂、增塑剂和药品
氢氧化铬酸锌	汽车与航空涂料
收敛酸铅	烟火、炸药
2-甲氧基苯胺、邻氨基苯甲醚	染料
铬酸铬	镀铬
4-（1，1，3，3-四甲基丁基）苯酚	胶粘剂、涂料、油墨、聚合物表面活性剂
α，α-双［4-（二甲基氨基）苯基］-4-（甲基苯基氨基）-1-萘甲醇（颜色索引：溶剂蓝4号）	染料、油墨
4，4’-四甲基二氨基二苯甲烷	制造染料
1，3，5-三[（2S和2R）-2，3-环氧丙基]-1，3，5-三嗪-2，4，6-（1H，3H，5H）-三酮(β-TGIC)	阻焊油墨、塑料增塑剂
三氧化二硼	用于玻璃、陶瓷、阻燃剂、粘合剂、油墨、清洁剂和杀虫剂
1，2-双（2-甲氧基乙氧基）乙烷（TEGDME，三甘醇二甲醚）	用于制造工业化学品
4，4’-双[（二甲氨基）苯基]-4”-甲氨基苯甲醇	用于油墨和染料
铅（Ⅱ）双（甲磺酸盐）	用于电镀过程
甲酰胺	用于医药、工业化学品和塑化剂的生产
［4-［4，4’-双（二甲基氨基）二苯亚甲基］环已-2，5-二烯-1-亚基］二甲基氯化物（C. I. 碱性紫3号）	用于油墨和颜料
1，2-二甲氧基乙烷，乙二醇二甲醚（EGDME）	用于制造工业化学品、锂电池
[4-[[4-苯胺基-1-萘基][4-（二甲基氨基）苯基]亚甲基环已-2,5-二烯-1-亚基]二甲基氯化铵(C. I. 碱性蓝26)	用于油墨、清洁剂、涂料
1，3，5-三（环氧乙烷-2-基甲基）-1，3，5-三嗪-2，4，6-三酮（TGIC）	树脂和涂料、塑料稳定剂中的固化剂
4，4’-双（二甲氨基）苯甲酮（米氏酮）	用于染料、颜料和电子电路板

来源：欧洲议会和理事会于2006年12月18日通过的第1907/2006号条例（EC），关于化学品的注册、评估、授权和限制（REACH），建立欧洲化学品机构的官方期刊L396，布鲁塞尔，2006，1-849。

表 4.11　REACH 高关注物质授权清单和应用示例

高关注物质授权清单	应用示例
4，4’-亚甲基联苯胺（MDA）	环氧树脂的硬化剂
5-叔丁基-2，4，6-三硝基间二甲苯麝香二甲苯	香水
邻苯二甲酸二异丁酯（DIBP）	塑化剂
邻苯二甲酸丁苄酯（BBP）	塑化剂
邻苯二甲酸二（2-乙基己）酯（DEHP）	塑化剂
邻苯二甲酸二丁酯（DBP）	塑化剂
三氧化二砷	玻璃和电子产品
钼铬酸铅红（C.I. 颜料红 104 号）	颜料
酸铅黄（C.I. 颜料黄 34 号）	颜料
铬酸铅	着色剂
五氧化二砷	着色剂
2，4-二硝基甲苯（2，4-DNT）	增塑剂、炸药
六溴环十二烷（HBCDD）、2-六溴环十二烷、β-六溴环十二烷、γ-六溴环十二烷	阻燃剂
三（2-氯乙基）磷酸酯（TCEP）	阻燃剂

来源：欧洲议会和理事会于 2006 年 12 月 18 日通过的第 1907/2006 号条例（EC），关于化学品的注册、评估、授权和限制（REACH），建立欧洲化学品机构的官方期刊 L396，布鲁塞尔，2006，1-849。

在没有得到 ECHA 授权的情况下，授权清单上列出的产品不允许在实施限制措施的日期之后被放到市场上。附件ⅩⅣ中出现的化学品不管浓度多少都需要得到授权。制造商和分销商的责任是要对名单的更新和任何可能适用于他们产品的相应限制保持警惕。

光伏组件目前正受到 REACH 指令的影响。如果在 SVHC 候选清单中包含的化学品在组件中的浓度超过 0.1% w/w，并且在市场上超过 1t/年，制造商必须通知 ECHA。如果该组件包含授权清单上的化学品，制造商或经销商必须获得销售该产品的授权，前提是该限制性化学品上市日期已经超过实施限制措施的日期。

即使组件中不包含限制化学品，这个指令也可能干扰光伏制造商的生产。例如，某些聚合物由 SVHC 清单上的反应物反应得来。聚合物供应商正尝试逐步从产品中去除这些反应物，这对光伏制造商的原材料供应造成了干扰。

通过供应商审核和组件测试，大多数光伏制造商都核实遵守了 REACH 指令。符合性声明对大多数材料供应商都是有用的。供应商也可以提供符合性声明，或者光伏制造商可以与一些商业检验实验室签订合约。测试协议一般包括样品切片和准备、溶剂萃取、过滤和用液相色谱－质谱（LC－MS）测量化学浓度(见图4.9)。测得浓度与允许浓度比较来检验遵从性。

图4.9 REACH的遵从性测试

4.9 电子电气废物指令

电子电气废物（WEEE）指令最近确定了电气设备和电子设备回收再利用的比率。回收指标可分为10类：大型家用电器、小型家用电器、信息技术和通信设备、消费设备、照明设备、电气和电子工具、玩具、休闲和体育器材、医疗设备、监控仪器和自动分配器。成功达到目标比率，要求家庭和企业寻找回收再利用的选择，要求生产商建立并维护收集点。更特别的是，2005年后投放市场的产品产生的非历史遗留的WEEE，生产制造商必须承担产品收集、处理、回收和处置的所有相关费用。

截至2012年1月18日，WEEE适用于第4类的光伏组件，该组件已被新近命名为“消费设备和光伏电池板”，它要求收集所有报废组件中的85%，回收率为80%。欧盟各成员国将需要执行符合WEEE目标的法律法规。在所有成员国，WEEE要求制造商最终负责产品的收回和回收。现在，制造商可以根据光伏周期或是他们自己的回收利用项目来提供回收。

现在所有的组件都必须有表示符合指令的标志（见图 4.10）。打叉的滑轮垃圾桶清楚地表明消费者应该回收利用而不是丢弃设备到城市垃圾填埋处。垃圾桶下的长块表示产品会在 2005 年后投放到市场且生产者会负责安全处理。没有长条的标签表示产品是在 2002 ~ 2005 年制造的，这意味着它是历史 WEEE。历史废物不应该在垃圾填埋场处置，但制造商也不负责回收，除非从同一厂家购买新生产的设备更换过时的产品。

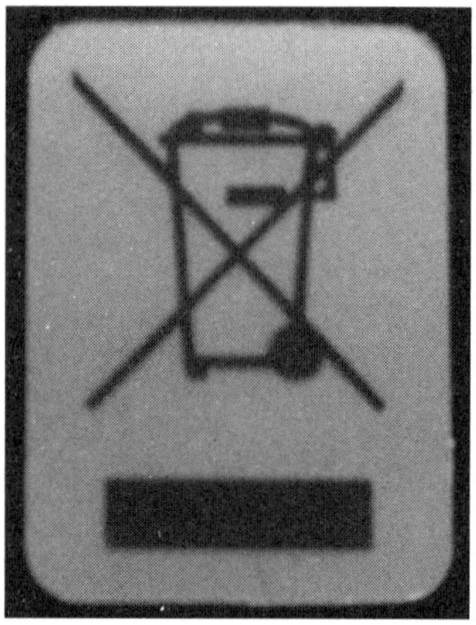

图 4.10 符合 WEEE 指令标志的例子

4.10 环境法规的全球一致性

有报道称，位于不同国家的光伏发电厂的排放量存在显著差异。多数批评者认为减排技术存在的不足是因为国家间监管的不同。他们进一步警告说，这些不平等现象会导致贸易壁垒限制国际贸易。例如，一些最著名的环境不平等现象发生在美国和欧洲共同体之间。欧洲共同体因为牛荷尔蒙的使用禁止进口美国牛肉，作为报复，美国禁止进口含有微量农药残留的葡萄酒。同样的不平等也出现在光伏产业。一些欧洲国家针对光伏组件强制实行环境要求（例如，最小的能源回报期和详细的碳足迹分析）来获得上网电价资格。这些同样的要求在美国并不存在。因此，美国光伏制造商要在不同的欧洲共同体市场上有竞争力地销售他们的组件，就必须确保能准确地捕获、记录和传递了制造过程和产品的环境可持续性属性。

全球环境法规的统一甚至可以消除这些贸易壁垒。这种做法一直存在争议，因为环保主义者担心一致性会削弱发达国家的环境法律，而发展中国家则抱怨称，他们没有提升项目所需的资金[46-48]。为此，关注产品而不是过程的一致性是比较容易的。虽然很多制造商可能生产同样的产品，但是使用的设备和制造过程常常是多样的。在试图标准化最终产品的环境属性时，行业和政府机构都有更大的余地实施环保法规。更重要的是，进入国外市场的是产品而不是过程，因此能适当减轻法规的影响。

一些利益相关者对监管协调的成本和收益展开了激烈的辩论。大多数人认为，没有数据表明，在一个严格监管的国家里运营的公司与那些在一个法规较少的国家里运营的公司相比，将处于竞争劣势。美国一家公司的调查表明生产成本并不因为减排技术大幅增加。在大多数被严格管制的行业中，预期最多增加总生产成本的 3%。此外，生产力下降是重要但不是实质性的。最大的监管成本是与法律有关的费用而不是技术或处理的改进费用。在国际基础上比较，只有少数污染最集中的产业（如，采矿、化工、钢铁、有色金属等）由于监管要求遭受了竞争力的显著降低[46]。支持统一法规的人声称，这些生产率计算低估了改进的积极作用，因为它们没有包括环境法规的实施带来的创新和加工改进[2,49]。

行业代表激烈反对政府法规很常见[50]。例如，《清洁空气法》引起了汽车制造商的一些冷嘲热讽。当时福特汽车公司的董事长 Lee Iaocca 说遵守《清洁空气法》将“对美国经济造成不可修复的伤害”，导致汽车价格上涨，迫使制造商停产来使操作合规[51]。一般可以无视这种评论，因为它们被认为是对法规真实结果的夸大其词。事实上，这些评论常常对辩论产生反效果。相反，为在法规实施前确保可行的工程备选方案，行业和政府间开诚布公的讨论是必要的[49]。

类似的争论发生在 RoHS 指令中包含光伏组件的法规[52]。在技术或科学上替代不可行，在环境、健康和消费者安全影响分析的基础上替代没有好处，对于以上两种情况 RoHS 指令明确允许豁免。一些光伏制造商已经证明，他们的组件不包含超出监管限制的 RoHS 限制物质，而其他电池技术制造商继续游说来获得豁免。绝大多数人认为包含光伏的 RoHS 指令是杰出的，一直在积极开发替代产品。不同光伏制造商传达信息的不同让监管官员困惑。具体来说，他们还不清楚是否存在可行的服从 RoHS 指令的技术。这个困惑可能导致了这些法规的过早实施，最终降低了光伏组件相较于传统化石燃料的竞争力。

参考文献

1. U.S. National Achieves and Records Administration. *Title 40: Code of Federal Regulations* (40 CFR), Part 261, Appendix II. Washington: Government Printing Office, 2012.
2. Rondinelli, D., and M. Berry. "Corporate Environmental Management and Public Policy: Bridging the Gap" *American Behavioral Scientist* 44 (2000): 168–187.
3. Graham, M. *The Morning after Earth Day: Practical Environmental Politics*. Washington: Brookings Institution Press, 1999.
4. U.S. Department of Transportation. *The Greatest Decade 1956–1966*. Washington: Government Printing Office, 2011.
5. de Wild-Scholten, M., E. Alsema, V. Fthenakis, et al. "Fluorinated Greenhouse Gases in Photovoltaic Module Manufacturing: Potential Emissions and Abatement Strategies." *Proceedings of the 22nd European Photovoltaic Solar Energy Conference*, Milano, Italy, September 3-7, 2007.
6. Fthenakis, V., D. Clark, M. Moalem, et al. "Life-Cycle Nitrogen Trifluoride Emissions from Photovoltaics." *Environmental Science and Technology* 44 (2010): 8750–8757.
7. U.S. Environmental Protection Agency. *Introduction to Hazardous Waste Identification (40 CFR Parts 261)*, EPA530-K-05-012. Washington: Government Printing Office, 2005.
8. Sigman, H. "The Effects of Hazardous Waste Taxes on Waste Generation and Disposal." *Journal of Environmental Economics and Management* 30 (1996): 199–217.
9. Fthenakis, V. "End-of-Life Management and Recycling of PV Modules." *Energy Policy* 28 (2000): 1051–1058.
10. U.S. Environmental Protection Agency. *Universal Treatment Standards (UTS) 40 CFR §268.48*. Washington: Government Printing Office, 1982.
11. U.S. Department of the Interior, U.S. Fish and Wildlife Service. *Endangered*

Species Act of 1973 As Amended through the 108th Congress. Washington: Government Printing Office, 1973.
12. Solar Electric Power Associate (SEPA). "Top 10 Solar Rankings." SEPA, Washington, DC, 2011. http://www.solarelectricpower.org/media/252486/2011-sepa-utility-solar-rankings-top-10-executive-summary.pdf
13. Gorton, M., and S. Deatherage. *Solar Power Installations: Navigating Environmental and Regulatory Issues to Reduce Risk.* Dallas: Definitive Solar Library, 2011.
14. Sampson, G. *Solar Power Installations on Closed Landfills: Technical and Regulatory Considerations.* Washington: Govern Printing Office, 2009.
15. Hester, R., and R. M. Harrison. *Contaminated Land and Its Reclamation.* Cambridge, UK: Royal Society of Chemistry, 1997.
16. Sheoran, V., A. S. Sheoran, and P. Poonia "Soil Reclamation of Abandoned Mine Land by Revegetation: A Review." *International Journal of Soil, Sediment and Water* 3 (2010): 1940–3259.
17. Bell, F., and L. Donnelly. *Mining and Its Impact on the Environment.* Boca Raton, FL: Taylor & Francis, 2006.
18. Keating, M. "Cradle to Grave: The Environmental Impacts from Coal." Clean Air Task Force, Washington, DC, June 2001. http://www.catf.us/resources/publications/files/Cradle_to_Grave.pdf
19. U.S. Environmental Protection Agency. "WasteWise: Conserving Resources, Preventing Waste." EPA, Washington, DC, 2010. http://www.epa.gov/smm/wastewise/pubs/fact-sheet.pdf
20. U.S. Environmental Protection Agency. *EPA Region 2 Congressional District(s): 29 NPL Listing History, Love Canal New York,* EPA ID No. NYD00606947. Washington: Government Printing Office, 2010.
21. McDougall, W. J., R. Fusco, and R. O'Brien. "Containment and Treatment of the Love Canal Landfill Leachate." *Journal of Water Pollution Control Federation* 52 (1980): 2914–2924.
22. Gensburg, L., C. Pantea, E. Fitzgerald, et al. "Mortality Among Former Love Canal Residents." *Environmental Health Perspectives* 117 (2009): 209–216.
23. U.S. Agency for Toxic Substances and Disease Registry. *ATSDR Safeguarding Communities from Chemical Exposures.* Washington: Government Printing Office, 2010.
24. Gerber, J., and E. Jensen. *Encyclopedia of White-Collar Crime.* Westport, CT: Greenwood Press, 2007.
25. Magoc, C. *Environmental Issues in American History: A Reference Guide with Primary Documents.* Westport, CT: Greenwood Press, 2006.
26. Townsend, T., Y. Jang, and T. Tolaymat. *A Guide to the Use of Leaching Tests in Solid Waste Management Decision Making.* Gainesville, FL: Florida Center for Solid and Hazardous Waste Management, University of Florida, 2003.
27. U.S. Environmental Protection Agency. *Inductively Coupled Plasma-Atomic Emission Spectrometry,* EPA-SW 6010B, rev. 2. Washington: Government Printing Office, 2004.
28. U.S. Environmental Protection Agency. *Method 1310B: Extraction Procedure (EP) Toxicity Test Method and Structural Integrity Test,* EPA-SW 846. Washington: Government Printing Office, 2004.
29. U.S. Environmental Protection Agency. *Test Methods for Evaluating Solid Waste,* SW-486, 3rd ed. Washington: Government Printing Office, 1996.
30. U.S. Environmental Protection Agency. *Applicability of the Toxicity Characteristic Leaching Procedure to Mineral Processing Wastes: Technical Background Document Supporting the Supplemental Proposed Rule Applying Phase IV Land Disposal Restrictions to Newly Identified Mineral Processing Wastes.* Washington: Government Printing Office, 1995.
31. U.S. Environmental Protection Agency. *Method 1311: Toxicity Characteristic Leaching Procedure,* EPA-SW 846. Washington: Government Printing Office, 1992.
32. U.S. Environmental Protection Agency. *Total Constituent Analysis Instead of TCLP.* Washington: Government Printing Office, 2012.
33. ASTM Standard D3987-85-2004, Standard Test Method for Shake Extraction of

Solid Waste with Water. West Conshohocken, PA: ASTM International, 2004.
34. Fthenakis, V., C. Eberspacher, and P. Moskowitz. "Recycling Strategies to Enhance the Commercial Viability Of Photovoltaics." *Progress in Photovoltaics* 4 (1996): 447–456.
35. Eberspacher, C., and V. Fthenakis. *Disposal and Recycling of End-of-Life CdTe and Si PV Modules.* Washington: Brookhaven National Laboratory, 1998.
36. Fthenakis, V. *Regulations on Photovoltaic Module Disposal and Recycling.* Washington: Office of Scientific and Technical Information, Brookhaven National Laboratory, 2001.
37. Van Der Sloot, H. A., and L. Heasman. *Harmonization of Leaching/Extraction Tests.* Amsterdam: Elsevier Science, 1997.
38. Van Der Sloot, H. A., D Hoede, and P. Bonouvrie. *Comparison of Different Regulatory Leaching Test Procedures and Waste Materials and Construction Materials.* Petten, Netherlands: Netherlands Energy Research Foundation, 1991.
39. Perera, A., A. Al-Tabbaa, J. M. Reid, and J. A. Stegmann. *State of Practice Report UK Stabilisation/Solidification Treatment and Remediation*, Part IV: *Testing and Performance Criteria 2005. Proceedings of the International Conference on Stabilisation/ Solidification Treatment and Remediation*, 12-13 April 2005, Cambridge, UK. Boca Raton: CRC Press 2005. Print.
40. United Kingdom, Environment Agency. *Guidance on Sampling and Testing Wastes to Meet Landfill Waste Acceptance Procedures*_Version 1, April 2005. Web. 12 Oct 2012.
41. United States, Environmental Protection Agency Office of Resource Conservation and Recovery. *November 2009 Municipal Solid Waste Generation, Recycling, and Disposal in the United States Detailed Tables and Figures for 2008*, Table 3. Washington: Government Printing Office, 2009.
42. Organisation for Economic Co-operation and Development. *Electrotechnical Products: Determination of Levels of Six Regulated Substances*, OECD 62321:2088, 2008. Paris: OCED.
43. Regulation (EC) No. 1907/2006 of the European Parliament and of the Council of 18 December 2006 Concerning the Registration, Evaluation, Authorisation and Restriction of Chemicals (REACH), Establishing a European Chemicals Agency. Official Journal of the European Union L396. Brussels, 2006, 1–849.
44. Nath, I. "Cleaning Up after Clean Energy: Hazardous Waste in the Solar Industry." *Stanford Journal of International Relations* 11 (2010): 6–10.
45. Cha, A. E. "Solar Firms Leave Waste Behind in China." *Washington Post*, March 9, 2008. http://articles.washingtonpost.com/2008-03-09/business/36778308_1_polysilicon-plants-solar-energy-chinese-companies
46. Stewart, R. B. "Environmental Regulation and International Competitiveness." *Yale Law Journal* 102 (1993): 2039–2106.
47. Glas, J. "Protecting the Ozone Layer: A Perspective from Industry." In *Technology and Environment*. Editors; Ausubel, J.H. and H.E. Saldovich. Washington: National Academies Press, 1989.
48. Grossman, G., and A. Krueger. "Environmental Impacts of a North American Free Trade Agreement," NBER Working Paper No. 3914. Cambridge, MA: National Bureau of Economic Research, November 1991.
49. Heinzerling, L., F. Ackerman, and R. Massey. "Applying Cost-Benefit to Past Decisions: Was Environmental Protection Ever a Good Idea?" *Administrative Law Review* 57 (2005): 155–192.
50. Kolk, A., and D. Levy. "Winds of Change: Corporate Strategy, Climate Change and Oil Multinationals." *European Management Journal* 19 (2001): 501–509.
51. Porter, M., and C. van der Linde. "Towards a New Conception of the Environment-Competitiveness Relationship." *Journal of Economic Perspectives* 9 (1995): 97–118.
52. Bosch Solar Energy. "Leading Photovoltaic Companies Welcome EU's Review on the Exemption of PV from the RoHS Directive within Three Years." Bosch Solar Energy, Erfurt, Germany, 2010. http://www.bosch-solarenergy.fr/service-medias/communiques-de-presse/2010/

第5章

提高光伏组件环境可持续性的当前趋势

提高资源保护的资金和加大环境政策的强制力度都加强了美国消费者回收利用的意识。19 世纪 60 年代末 70 年代初，以各种各样的社会游行、集会和示威开始形成了社会意识和环境意识。在绝大多数社会运动被当作是在迷幻剂影响下的空想一代的胡言乱语引导的错误行动而解散时，“世界地球日”是一个社会改变，它经受住了时间的检验并得到了主流的认可。1970 年 4 月 22 日，“世界地球日”在美国被联邦政府承认，它试图提高关于环境影响的社会集体意识。到 2009 年，联合国公告 4 月 22 日作为“国际地球母亲日”时，这项运动已经成长为一项国际性运动。“国际地球母亲日”项目的一个核心部分是提高资源保护意识，比如说回收利用。

多数国家通过公民历史浪费习惯监测废物处理政策和社会拓展项目的效力。在美国，尽管人口增长快速，但更多的公民已经在开展回收利用。1960 年，美国人口是 17 900 万，到 2011 年，暴涨至 31 100 万[1]。人口增长造成了呈线性增加的浪费。1960 年总的城市固体废物（MSW）生成量是 8 810 万 t，到 2010 年增长到 24 990 万 t（见图 5.1）。在同阶段从人均角度来看，这个增长是较小的（从 1960 年人均每天 2.68lb㊀到 2010 年人均每天 4.43lb）[2]。

总人口回收率提高导致了人均增长放缓。随着社会意识的增强，美国的回收利用从 1960 年的 560 万 t 增长到 1985 年的 1 670 万 t。然而，在 1985 ~ 2010 年间也有第二个增长速度，是从 1 670 万 t 到 8 510 万 t 的一个更大的增长，这归因于政府法规。具体来说，是在 1988 年美国环境保护署（EPA）建立了一个“到 1992 年把回收利用率增长到 25%”的国家目标（见图 5.2）[2]。同一时期，要求回收利用日常垃圾中的塑料、玻璃和金属的 40 多条回收利用法规在 38 个州通过了。即使在法规强制下，到 1992 年，美国环境保护署的回收利用率也仅仅达到了不足 10%，没有实现预期目标。

技术改进是生成回收利用物最强有力的机制之一。审查美国在 1974 ~ 1996 年间在废物管理方面的行为改变是最好的例证。在 1974 年，美国的城市垃圾 8%

㊀ 1lb = 453.59237g。

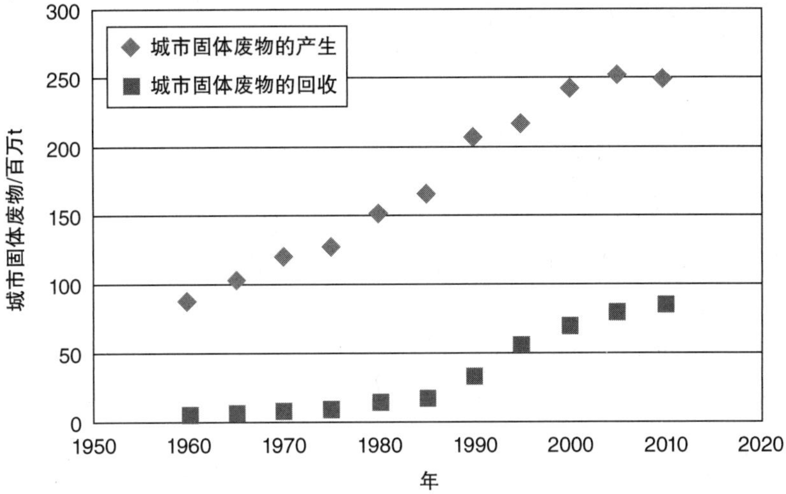

图 5.1　1960～2010 年城市固体废物的产生和回收（来源：美国环境保护署。废物、非危险废物、城市固体废物。华盛顿：政府印刷局，2012 年）

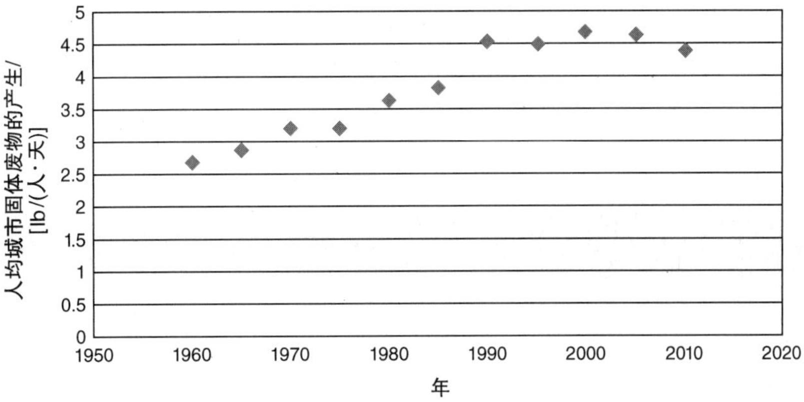

图 5.2　1960～2010 年人均城市固体废物的产生（来源：美国环境保护署。废物、非危险废物、城市固体废物。华盛顿：政府印刷局，2012 年）

回收利用、21% 焚烧、71% 填埋[3]。20 世纪 70 年代初，在非密封性垃圾填埋场的重大水污染和非托管气体生成是常见的。市民也习惯参与不受控的垃圾焚化，造成有害气体污染物和烟煤灰的释放。直到 20 世纪 70 年代末，才在垃圾填埋中应用黏土防渗层，用塑料衬垫覆盖垃圾，管道用来通风并控制分解垃圾的排放。在这个时候，焚化技术作为一种能源生成的高效方式已经充分发展成为垃圾处理一种竞争性强的选择。除了这些技术改进，从 1996 年起，《清洁空气法》也要求大型市政垃圾填埋场要有一套收集系统，用来收集垃圾生物降解产生的甲烷和二氧化碳。所有这些改变的影响——到 1997 年，回收利用已经达到了 27%，其中焚化占 17%，填埋占 56%[3]。

由于这些积极的好处已经实现，消费者也再次得到了确保购买产品为可回收利用的承诺。令人遗憾的是，大多数消费者和地方政府并不了解他们使用的产品的组成，而且他们不知道处理垃圾的环保方法。因此，大多数立法机关都赞同生产者责任延伸（EPR）立法来确保光伏组件回收利用得当。2010 年春天，加利福尼亚州提出鼓励光伏产业发展回收利用项目法规供表决。加利福尼亚州有毒物质控制局（DTSC）将其称为参考编号 R－2010－01：废弃太阳能板建议标准。虽然法规是复杂的，但笼统概述来讲，就是一种给有害垃圾提供免税额法规的机制。具体来讲，如果一个光伏组件被指定为只是加利福尼亚州的有害垃圾，它一定要被运输到加利福尼亚州并在此地处理。如果制造商提供给消费者一项回收利用项目，这项法规草案将允许制造商将其报废的光伏组件当作普通垃圾处理并且减少了一项有害垃圾的处理。

为了有效回应这些越来越多的法规要求，光伏公司必须要把可持续使用尽早投入商业化进程。在全球利益市场，保持对所有试行及生效条例的警觉是个重大的挑战。此外，制造商一定要预测试行条例何时生效以便确保他们的下一代产品在投入市场时符合法规。因为预测这些要求很困难，所以光伏制造商必须处于一个随时准备就绪的状态。因此，解决这些越来越多的法规限制最有效的方法就是确保在设计阶段就把它们考虑进去。

5.1 可持续设计与使用

环境政策与法律一般遵循防控原则、污染支付原则和协作原则三者之一，每项政策都需要不同的遵约策略。防控原则奖励制造商开发产品，以最大限度地减少材料的使用，并在生产和处理过程中最大限度地回收。这些法律一般要求制造商付款并提供一个回收利用或者重复使用他们产品的机制。发展回收利用项目的财务成本增强了制造商发展可持续设计来使材料使用和浪费最小化的动机。污染支付原则（例如，美国超级基金）要求公司、组织、个人或政府支付现场复用和消除污染的费用。最后，协作原则要求利益相关者加入进来以便发展和谐的环境处理方法。它主张自我调节而不是政府调节，促进公众听证会的使用来确保服从所有利益相关者彼此的目标[4]。不管制定当地立法的原则如何，更多的制造商采取积极主动的方式进行组织变革，使他们能够最大限度地减少环境废物并改善合规记录。

一项可持续设计是试图在积极社交、经济和环境影响方面同时尽可能完善产品的蓝图。汉诺威原则一般被作为可持续设计的主导概念[5]（见图5.3）。它是William McDonough和Michael Braungart为2000年的博览会编写的，这次博览会在德国汉诺威举办，时间从2000年6月1日至2000年10月31日。这些概念特别强调了人类与环境之间的关键平衡，重点是注重环境的设计理念。这指的是通过创造持久耐用、在使用周期中产生最小环境影响的产品来消除浪费的设计。这些原则得到越来越多的使用，因为专家估计，在设计期间，总生命周期费用的85%是确定的。这意味着设计是一个关键阶段，应该考虑对一个成功产品发布的包括环境法规在内的限制[6]。

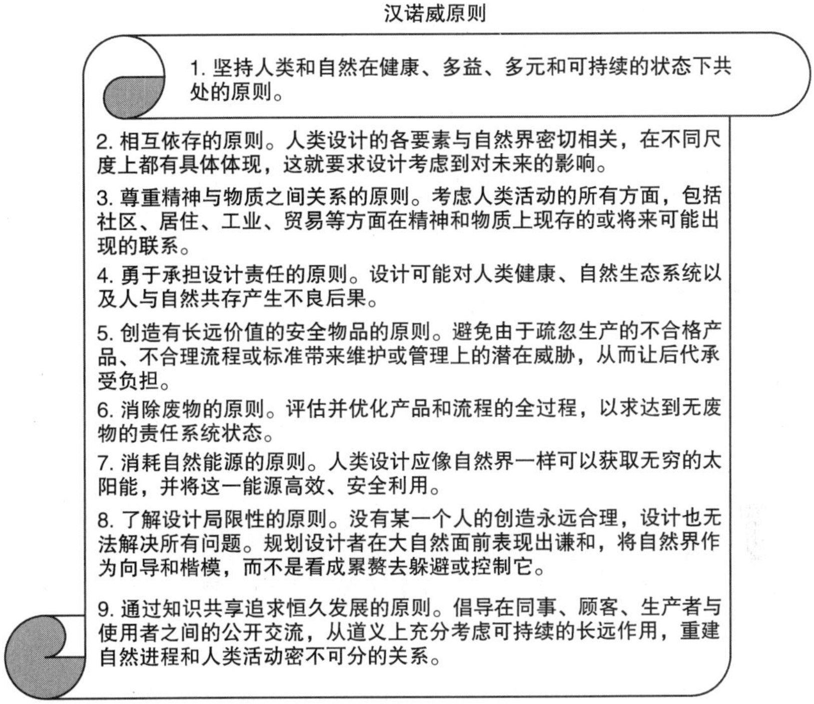

图5.3　汉诺威原则（来源：William McDonough和合作伙伴。“汉诺威原则：设计的可持续性”。旧金山，CA，1992年。http：//www.mcdonough.com/principles.pdf）

理想化地说，光伏组件是围绕5R［recycle（循环）、reduce（减量化）、reuse（再利用）、reform（改进）、refuse（拒绝）］设计的。循环利用要求考虑容易分离的能力和使用材料的其他用途。减量化通过减少组件使用材料的重量和数量来减少制造商的生产成本。再利用的组件可以为制造商提供二级市场的机会。这个市场配备有保证收益的工厂生产的低费用组件，这些组件由于外观缺陷和升级请求导致在服务寿命结束前返厂。至今，还没有任何一家光伏制造商对此项目有正式公告。然而，许多制造商都在改进或重做外观缺陷的组件来提高产量。最终，有远见的组件设计师也拒绝在他们的组件中使用有毒物质和罕见的能源关键元素。

整合这些概念到设计层面是确保组织把它们考虑进来的最好的方法。“为环境设计”（DfE）思想关注在设计阶段的提高改进。创造 DfE 是通过最小化材料使用和最大化材料回收来在一件产品的使用周期中最小化环境影响和成本花费。本设计过程的重点是环境指标，取决于公司的理念和适用的管理框架，设计者应该考虑可替代的化工产品、进程、工艺和工人实践，这样将会减少或者消除有毒化学物和污染。关于 DfE 分析有两种方法：一种是“装配性设计”（DfA），集中于消除多余或是不必要的元件；一种是“可拆卸设计”（DfD），重点在于最优化分离和回收利用。

在 20 世纪 80 年代，DfA 越来越流行并经历了最广泛的应用。不必要部分的减少是通过减少生产时间及原材料使用来阻止产品的过渡设计并节省公司资金。众所周知，DfA 实践将多数产业中的制造成本降低 20% ~40%，生产率提高了 100% ~200%[7]。

DfD 方法也能减少制造商的经营成本，尤其当“生产者责任延伸”法规要求回收和再循环计划时。一个理想的设计要最优化回收利用效率和最大化可回收材料含量。一份经济消费分析表明可替代材料也许是必要的。优先的替代材料是在转售时获得的税前收入多于拆卸、运输和回收花费的组件。这份花费分析由于和强制法规政策联系的不确定性而显得复杂。虽然装配通常发生在几个制造场所，但废弃处理则基于组件售卖处发生在全球多个地点。因此，废气处理要求由消费者所在地的环境法规规定。实际上，一份回收利用预算书要求生产者预估产品会在哪里被购买、熟悉适用法律并清楚各地区回收及运输花费。大多数光伏制造商或者拥有全球回收的合作伙伴，他们都熟知这些地方法规，要么将报废的组件带回工厂，与不合规格的废料相结合。后者允许制造商在为人所熟知的法规下操作并享有规模经济效益。

5.2 使用廉价聚合物部件的趋势

近来，光伏制造商对能同时实现增加组件保修期和减小成本的方法很感兴趣。在 20 世纪 70 年代初，一个地面组件的保质期为 5 年。在过去的几十年间，这个日期增长达到了行业规范的 25 ~30 年。在接下来的 20 年间，预测一般的保质期将再次增长到 35 ~40 年[8]。同时，技术改进导致了电池效率的增加和成本的减少。单晶硅近来的转换效率达到了 20% ~25%，一般成本为 3.5 美元/W。薄膜工艺转换效率更低（12% ~20%），成本为 1 ~0.5 美元/W。通过提高能量密度（屋顶区域内产生的能量）实现更高的效率，从而减少了安装成本。据预测，如果光伏电池效率增长到 40% ~80%，那么成本将由 0.2 美元/W 降至 0.1

美元/W[9,10]。光伏制造商正在追求可替代材料来实现这些成本预测。

更廉价的材料是光伏组件设计者需考虑的，因为它们提供了一种更低制造成本的方式。通常选择聚合物元件来替代更贵的金属元件，因为它们具有比绝大多数其他替代材料更高的强度质量比。低密度的塑料在不危及组件结构完整性的情况下一般能将组件总质量减少 20wt% ~30wt%。这些改进一般通过包括覆盖物、密封剂和系统平衡部件的高分子聚合物来实现。

聚碳酸酯（PC）、聚对苯二甲酸乙二醇酯（PET）和聚甲基丙烯酸甲酯（PMMA）因其光学清晰度和耐候性可以被作为覆盖物（见图 5.4）。这些覆盖物在露天迎风条件下不会变黄或不透明，必须最大化地透光。聚合覆盖物的风化腐蚀是由紫外辐射和热梯度联合造成的，两者都通过一系列自由基反应引发聚合物降解。通过仔细设计聚合物链并增加像是紫外线屏蔽剂、紫外线吸收剂、抗氧化剂、猝灭剂和自由基清除剂这样的分子稳定剂使得聚合覆盖物稳定以抵抗降解。这些小分子阻止自由基反应的发生，但随着时间推移它们在聚合物表面蒸发，功效也就减弱了。

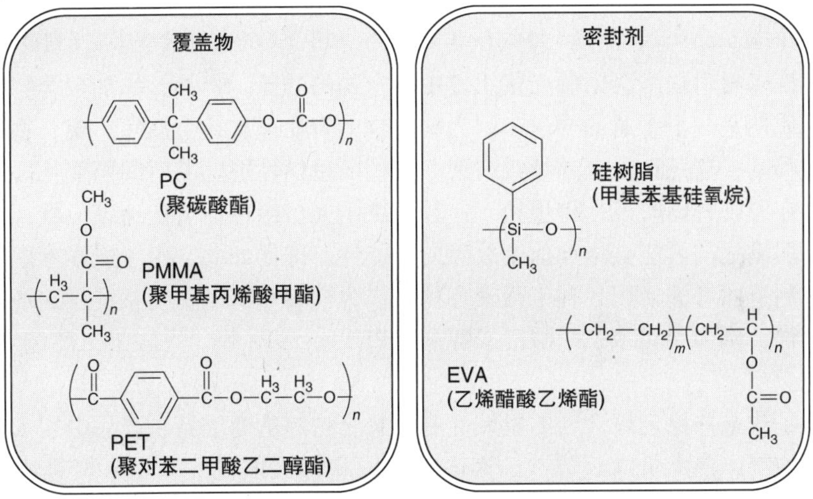

图 5.4　一些用作覆盖物和密封剂的聚合物

密封剂有着相似的设计考虑。密封剂必须证实有长期的光透明性和良好的热传导性。在工作期间，平面组件的内部温度可以达到 125 ~200℃（398.15 ~473.15K），这样高的温度减小了光伏电池的运行效率，也造成密封剂的降解。

在历史上，乙烯醋酸乙烯酯（EVA）和硅树脂作为密封剂各自被用于地面和天空光伏电池的安装。EVA 较便宜且热传导性大概是 $0.35W/(m^2 \cdot K)$，硅树脂更贵一些且一般热传导性为 $0.15W/(m^2 \cdot K)$。除去这些细微差别，EVA 和硅树脂都容易热老化——聚合物降解和黄变。这些黄变减少光传送进入下面的光伏电池从而降低组件效率（见图 5.5）。薄膜组件容易受到效率降低的影响。晶体硅组件也会受影响，但是影响程度较低。增加所有这些聚合物的光学稳定性对供应商来讲是一个重大的材料方面的挑战，但是它的成功对光伏产业达到预期产品质保期（35～40 年）是至关重要的。

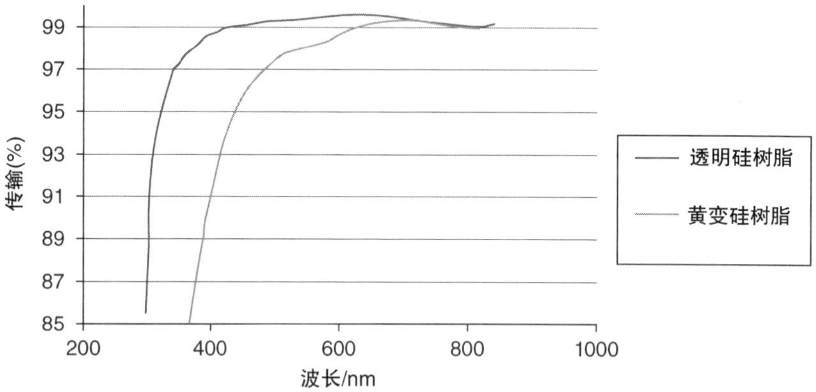

图 5.5　光学透明和黄变硅树脂的归一化传输曲线。水平实线表示薄膜和单晶硅电池效率最高的波长。因此，薄膜（如 CdTe 和非晶硅）和单晶硅电池的效率都会受到黄变的影响

有许多材料缺陷会限制光伏组件中聚合物的功能。例如，增加聚合物含量和增加保质期是一个矛盾的要求，因为聚合物的寿命通常比金属短。聚合物容易发生机械移动，这意味着在连续载荷下，它们的机械性能随着时间而变化。这种特性侵蚀在温度升高时发生得更快，并且取决于光伏组件部署的地理位置，在组件保修期届满之前可能会增加前期故障的可能性。即便如此，由于成本考虑，还是有许多制造商考虑使用各种工程聚合物来作为框架和机械平衡系统（BOS）中的结构部件，例如聚对苯二甲酸乙二醇酯（PET）、聚对苯二甲酸丁二醇酯（PBT）和尼龙。

为了改进并稳定聚合物的机械性能，聚合物制造商准备在产品中加入填料微粒和添加剂。将无机（云母、二氧化硅等）和有机填料混合加入聚合物来形成不连续的双相结构。大部分情况下，硬的填料微粒凝结形成硬的部分包围着由聚合物基质形成的连续柔软的部分。这些硬的部分充当聚合物模量的强化剂。相反，小分子添加剂（例如阻燃剂、热稳定剂等）对机械强度没有贡献，但会提高耐热性，进而提高聚合物的耐候性。添加剂被设计成与聚合物链发生相互作用并导致降解之前，与有害辐射发生反应。这些分子只有均匀分布在聚合物基质中时才发挥效力。常见添加剂及其效用的更全面评论可以在各种专门讨论这个问题的聚合物文章中找到[14-16]。最重要的是，光伏组件完整的环境影响一定包括聚合物组件中使用的所有化学品，根据从制造商处购买的聚合物等级，可以预期有轻微的差异。

5.2.1　光伏组件中使用的聚合物的环境影响

一些文章的作者研究了聚合物整个生命周期的环境特性[17-20]。大多数作者分析了二氧化碳排放和能源消耗等环境影响。这些影响对于用来比较包含聚合物元件的光伏组件的性能是最重要的。

生命周期评估（LCA）是识别环境改善可能的有用技术。例如，有四份LCA在进行，每一份评估一种不同的覆盖物材料。然而，由于组件中使用覆盖物的低质量百分比，用玻璃替代聚合材料在组件的环境性能方面影响很小（见表5.1）。如果成本需要重大改变，那么聚对苯二甲酸乙二醇酯（PET）是玻璃的最好的替代品，基于其类似的二氧化碳排放量和能源消耗（184对197kg CO_2 eq/m^2，3329对3800MJeq/m^2）。

表5.1　使用不同覆盖物材料组件碳足迹和能量消耗的改变

覆盖物材料	二氧化碳排放①/(kg CO_2eq/m^2)	能量消耗②/(MJeq/m^2)
玻璃	184	3329
聚碳酸酯（PC）	246	4100
聚甲基丙烯酸甲酯（PMMA）	252	4520
聚对苯二甲酸乙二醇酯（PET）	197	3800

①　使用Sima Pro软件和IPCC GWP 100a。

②　工厂位于欧洲，从头到尾，累计能源需求，1.07版，只增加不可再生能源需求。

类似地，聚合物密封剂给组件带来的环境影响是很小的，因为它对组件构造的重量贡献为3.5~10wt%。为了说明这一点，对两个给定组件进行评估，并与典型结构进行比较。一个使用标准组件用到的乙烯醋酸乙烯酯（EVA），用量2/3；另一个一点都不使用。后一个组件是完全假设的，因为为了使入射光变成电，结构中必须要有一种光学密封剂。所有其他的材料和LCA集合保持为所有的三项估算不变，所以密封剂的效力会被隔离。这项分析不包括在光伏组件生命周期最后的恢复和再使用进程，因为使用过的EVA没有市场。所有这些参数保持不变时，EVA使用越少时才能检测到在二氧化碳排放和能量消耗方面的改变（见表5.2）。

表5.2　使用不同EVA密封剂数量的光伏组件碳足迹和能量消耗的改变

EVA的克数	二氧化碳排放①/(kg CO_2eq/m^2)	能量消耗②/(MJeq/m^2)
1.0	184	3329
-2/3	181	3100
0	179	3100

①　使用Sima Pro软件和IPCC GWP 100a。

②　工厂位于欧洲，从头到尾，累计能源需求，1.07版，只增加不可再生能源需求。

需要进一步解决的是目前在组件中回收聚合物的局限性。在大多数情况下，由于化学成分的分类不足，回收量低[21]。一个显而易见的方法是在回收中辨认包含塑料工业协会（SPI）标志组件中使用过的聚合物来提高分离的准确性。然而，这只有在聚合部件可以机械分离时才有用，组件层压一般要求化学或者热进程，这会模糊 SPI 辨认标志（见图 5.6）。没有辨认标志，回收者必须利用产品资料或者化学特性来确定合适的回收技术。

图 5.6　回收过程中使用的 SPI 树脂辨认标志

对一般光伏制造商来说，归纳回收负担是很困难的，因为不同的制造商使用不同的回收工艺。例如，Bohland 和合作伙伴[22]推荐一种回收加工，刚开始时温度会升高一些导致后板可以移动，然后在 350℃（623.15K）时 EVA 开始分解，到 520℃（793.15K）时完全分解。只要在惰性气体中发生热分解，电池就不会有碎片，银接触也不会受到污染，缺点是过程中产生的热压会造成电池炸裂。电池炸裂可以通过加大电池厚度来避免，但这会增加原材料的消耗和结构成本。为了避免这一问题，一些制造商使用化学工艺。热硝酸［60℃（333.15K）］是一种分解 EVA 的高效的化学物质，但是这样重新获得的电池没有重要的化学改造则不能使用[23]。Doi 和合作伙伴[24]用三氯乙烯［温度（80℃（353.15K）］恢复了一块运转正常的太阳电池，但是在处理时如果施加的压力超过板材承受能力，太阳电池会膨胀炸裂。另一个环保的考虑是在回收过程中产生的大量化学废物。

在考虑聚合部件的环境属性时，考虑构想中聚合物和小分子添加剂也很重要。在组建结构中使用的绝大部分聚合物都浸有阻燃剂和稳定剂来确保消费者安全。组件必须展示一个最小的可燃率才能安装在住宅区和商业区屋顶。这一比率并不意味着组件不会燃烧，而是确保燃烧的概率低到足够住户安全撤离建筑物。

Marzi 和合作伙伴[25]调查了用溴化物处理的阻燃剂有毒物质的释放、聚对苯二甲酸丁二醇酯（PBT）的副产品和尼龙 6 号。聚合物按照各种不同的阻燃剂配方制造，包括溴化聚合物、三氧化二锑（Sb_2O_3）和亚磷酸盐。在各种不同状况下，无机和有机副产品的释放被监测。Marzi 等发现在一般使用时最后总产品有极小的挥发物质的释放。然而，诸如在意外火灾结束时或在意外火灾期间的焚烧事件会产生许多有毒化合物，包括一氧化碳、有机碳、溴化氢、氰化物和磷。即便如此，这份研究和其他许多份研究一样，表明了这些有毒部件对回收车间工人及周围环境是没有危险的[26,27]。

即使这些聚合物不焚烧，从组件中提取出的阻燃剂也要填埋。尼龙和 PBT 都被考虑作为组件上铝框的替代物。阻燃剂依靠聚合物基质集中在聚合物中洗提出来。尼龙与 PBT 相比有很强的亲水性，因此用德国 DIN38414S4 测量时，尼龙 6 号（对于 Ptotal 和 Brtotal，约 10mg/kg）比 PBT（对于 Ptotal，约 2mg/kg；对于 Brtotal，小于 1mg/kg）有更强的溴集中力和含磷化剂复合物移动效力[25]。然而，预测含磷含溴化合物会在所有的稳定聚合物中释放出来。因此，为了避免这些排放，欧盟（EU）通过了有害物质限制（RoHS）指令，旨在限制在欧洲市场出售产品中不含这些化学物质。

5.3　消除光伏电池的限制要素

在写本书时，光伏组件因 RoHS 指令得到了免税额。行业专家预计在接下来的 8 年内，光伏将被包括进这个指令。绝大多数光伏产业成员认识到他们将需要逐渐把这些受限制的化学物质从光伏组件中移除。几乎所有的商业组件至少包含一种受限制的化合物。因此，多数公司的研发部计划寻找 RoHS 指令中允许的替代物来加入到下一代的组件中。

研发期间需要根据电池技术逐步淘汰受限制的化学物质。一些制造商认为在其产品中很容易逐步淘汰掉受限制的化合物，因为这些是可拆卸部件的一部分。例如，铅用于晶体硅组件的焊接处，是一种 RoHS 指令的限制元素。制造商认为可以使用无铅焊料来生产符合 RoHS 指令的产品。一些公司现在在提供无铅产品，其他的则正在提供无铅焊料产品。无铅焊料产品表明不是所有的铅都从组件结构中移除了。有环保意识的客户必须仔细阅读产品标签，因为符合 RoHS 指令的产品没有标签标准。

相比之下，薄膜光伏制造商必须重新设计其光伏电池来符合 RoHS 指令。最常见的薄膜光伏电池（例如 CIS、CIGS 和 CdTe）在结构中使用镉化合物。对于 CIS 和 CIGS 光伏电池，镉存在于硫化镉（CdS）缓冲层。在氨存在的条件下镉盐与硫脲［$(NH_2)_2CS$］反应生成硫化镉：

$$Cd^{2+} + 4NH_3 \rightarrow [Cd(NH_3)_4]^{2+}$$
$$(NH_2)_2CS + OH^- \rightarrow SH^- + H_2O + H_2CN_2$$
$$SH^- + Cd^{2+} \rightarrow CdS + H^+ \quad (Rxn. 5.1)$$

研究不断发展是为了找到可以和硫化镉表现出同样基准性能的无镉层。20世纪90年代初，无镉层首次提出，在过去的20年平稳发展。氧化锌、氧化铟和氧化锡都被当作可替代物，性能最好的是硫化锌，它的电池效率是竞争力极强的18.6%[28]（见表5.3）。然而，化学物质和加工技术的结合必须进行优化以匹配硫化镉的基准性能。

表5.3 基于缓冲层化学物质和加工技术的电池效率

缓冲层化学物质	电池效率（%）	加工技术	电池效率（%）
CdS（基准）	19.5	CBD－CdS（基准）	19.5
ZnS	18.6	CBD	19.0
ZnMgO	16.5	ALD	16.5
In（OH）$_3$	14.0	ILGAR	15.3
SnO_2/SnS_2	9.0	蒸发	15.0

来源：D. Haniskos、S. Spiering 和 M. Powalla，“Cu（In，Ga）Se_2 太阳电池及其组件中的缓冲层”。Thin Solid Films 480－481（2005）：99－109。

加工技术造成的化学变化也影响着电池效率。化学浴沉积（CBD）、原子层沉积（ALD）、离子层气体反应（ILGAR）和蒸发技术都是通常用来沉积硫化镉的加工技术。多数光伏公司采用CBD，因为它相对便宜且高效。虽然CBD最高效，但是它也有一些缺点。众所周知，镀层表面含有氧会生成一种氧化物，但是不清楚大容量产品的加工参数怎样影响氧含量。没有光伏制造商公开披露要求的基准电池效率或可靠性能的无镉替代物[29]。

一些研究者已经建议闭环回收工艺作为减少电池制造过程中硫化镉废物的手段。在CBD过程中，硫化镉沉积在产品的活跃表面，一些悬浮在废水中，一般有27%的硫化镉沉积在要求表面。多数制造商过滤硫化镉颗粒并处理，然后将水排放到城市系统。然而，Hariskos和合作伙伴[29]表明在工厂回收并再利用这些水是可能的。他们提议滤除硫化镉颗粒，然后回收滤液到沉积室。令人遗憾的是，在滤液8次经过沉积室后，它们表现出预想不到的镉生成速率（9～2nm/min）的降低。这个降低在动力学上归因为硫脲水解生成物的增加。随着反应减缓，组件制造商产品体积也会轻微减小。然而，也证明使用回收滤液对膜组成和性质没有影响。具体来说，循环通路的数量和CIGS电池的开路电压或效率间没有相关性。这些循环过程对光伏制造商获得RoHS指令允许没有帮助，却能在研发硫化镉的替代物时改善制造商的环境记录。

即使这些研究成功找到了无镉缓冲层，CdTe组件仍然包括含镉的活跃的半导体层。因为 CdTe 层需要产生电能，所以镉的移除对这项技术来说是不可能的。结果就是对这些光伏制造商来说，制造符合 RoHS 指令的组件是不可能的。把光伏组件纳入 RoHS 指令将严重限制 CdTe 组件的市场机会。

5.4　无边框光伏组件的环境改善

BOS 元件和其他安装要求有助于光伏安装的能量使用和碳足迹。例如，BOS 元件贡献了能源回收期（EPBT）的 12% ~50% 和晶体硅技术二氧化碳当量排放的 17% ~25%。在薄膜方面有细微的不同趋势。层压材料和 BOS 元件具有更大的影响，因为它们组成了高浓度的组件。对薄膜技术来说，包括 CIGS、CIS 和非晶硅，BOS 元件贡献了能源回收期的 17% ~33% 和二氧化碳当量排放的 22% ~42%[30,31]。

忽视板材，很明显框架和机械 BOS 对能源利用有着最大的影响（86%）[32]（见图 5.7）。这些元件一般都使用铝。用来制造铝框架的能量是框架重量和用于按重量计制造铝的能量的乘积：

$$\text{元件的总重量} \times (\text{能量/元件的重量}) = \text{使用的能量} \tag{5.1}$$

用于制造铝的碳足迹通过乘以在电网能源使用期间二氧化碳当量排放所用的电量来确定：

$$\text{使用的能量} \times (\text{二氧化碳当量排放/产生的单位能量}) = \text{碳足迹} \tag{5.2}$$

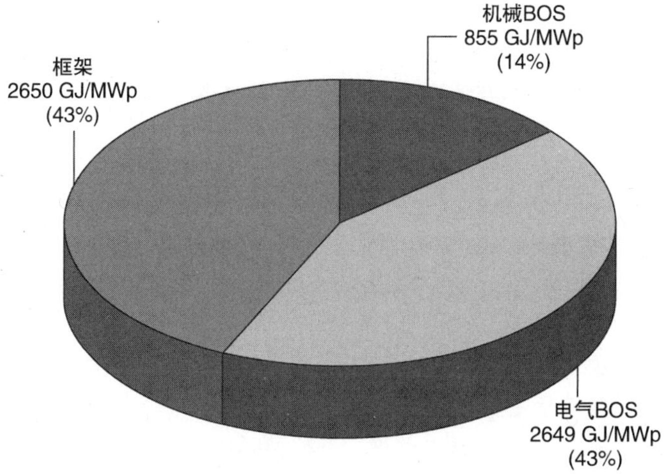

图 5.7　机械 BOS、电气 BOS 和太阳电池板生产的每峰值兆瓦使用能源的框架的相对贡献［来源：J. E. Mason，V. M. Fthenakis，T. Hansen 和 H. C. Kim，优化 3.5MW 光伏安装中的 BOS 能源回报和生命周期二氧化碳排放。光伏发电的进展：研究和应用 14（2006）：179 - 190］

因此，当使用的铝增多或是在“肮脏”的能源网生产铝时，铝框对组件碳足迹的贡献增加。如上所述，由于对化石燃料的依赖，美国拥有世界上最“肮脏”的电网。因此，在美国制造的重型铝框可以对组件碳足迹产生重大影响。

从环境角度来看，光伏制造商对使用回收铝来降低他们的能源要求很感兴趣。Krauter 和合作伙伴[33]量化了各种不同等级铝的能源要求。他们发现，如果铝在德国制造，新铝要求 53.0kWh_{prim}/kg，然而 50% 的回收铝要求减小至 31.4kWh_{prim}/kg，100% 的回收铝要求减小至 3.3kWh_{prim}/kg。

当前，极少数的制造商声明了在其产品中使用回收铝[34]。这么低的利用可以归因于人们担心回收铝的强度降低。然而，随着价格继续降低，更多制造商愿意冒着增大的危险使用更低成本的回收材料，其他的则选择完全除去铝框，取而代之的是，通过使用玻璃作为背板的双层玻璃组件来产生结构刚度。Solaria 公司制造了 210 ~ 230Wp 的可靠无框硅组件。类似的，First Solar 公司制造了 70 ~ 80Wp 的无框系列 3 组件。

目前，BOS 元件和光伏组件几乎等于设备投资。根据巴克莱资本太阳能行业报告中的一篇报道[35]，在 2009 年，BOS 成本为 2.25 美元/W，组件平均售价为 2.40 美元/W。在短期内，BOS 成本（估计 2.00 美元/W）估计会下降，但不会像组件成本（估计 1.70 美元/W）下降那样迅猛。为了实现这些预计，光伏制造商正在努力探索新的、低成本的组件和 BOS 材料。因此，这是将 DfE 纳入产品生命周期的最好时机。

SunPods 公司示范了 DfE 方法的使用。这个公司使用 Autodesk 的新版本 AutoCAD 软件，通过在设计阶段最小化能源使用、排放和材料使用来优化其组件的实际性能。CleanTech 软件的新特点允许设计者在设计时替代各种不同的材料来确定每一种材料如何影响组件的环境表现和合规性。通过取消昂贵的物理样机、最小化能源需求并确保符合环保法规，SunPods 公司的运营成本降低了。

5.5 可回收利用的光伏组件

某些能源关键元素的紧缺使得光伏电池成为很值得回收的元件。难的是找到一个方式完好无损地从密封剂中分离光伏电池。许多研究调查了从返回组件中恢复和再使用硅光伏电池的过程[22,36,37]。该过程首先是从密封层中恢复完好无损的电池，清洗，蚀刻，然后重新合成一块可运转电池需要的层。简言之，对再制造功能的光伏组件的步骤和先前讨论的一样，所不同的是取代采矿需要，从停止使用的光伏组件中提取光伏电池（见图 5.8）。

流态化床燃烧是从停止使用的板材中恢复完好无损的电池的最简单的方法。

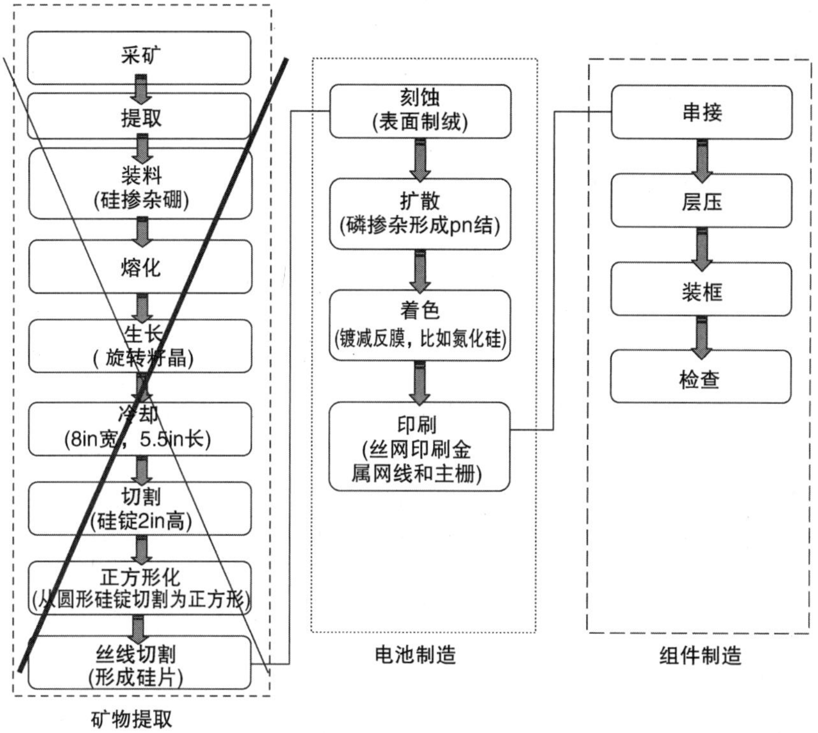

图 5.8　恢复硅电池和制作一个新的光伏组件的加工步骤

这个方法需要加热至流体化状态以便于在气体离开反应器顶端时流经整个组件（见图 5.9）。这个过程分解了 EVA 密封剂和聚合物背板，留下玻璃覆盖物和电池在电线框中。在平均粒径为 100μm 的沙粒中，典型工艺条件为流化速度达 1cm/s。为了在处理中重新得到完全的可运行的光伏电池，密封剂和背板使用的聚合物一定要在 400～500℃（673～773K）温度下并在 20min 内分解。

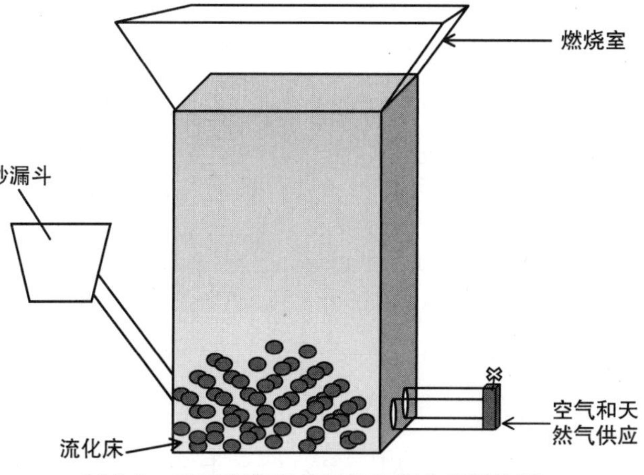

图 5.9　用于光伏组件回收的流化床燃烧器

恢复后，为了清除残余密封剂，必须彻底清洗电池。过程一开始是氟化氢的金属化，然后将其浸泡在 80℃（353K）食人鱼溶液中［也就是硫酸（H_2SO_4）加过氧化氢（H_2O_2）］。最后在相同温度下，用硝酸洗去残留在电池上的所有密封剂[38]。

化学再处理首先是在 85℃（358K）下的发射极腐蚀，需要 20% 氢氧化钠。然后是氯氧化磷（$POCl_3$）发射极扩散和寄生结形成。使用氮化硅的等离子体增强化学气相沉积（PECVD）重新着色电池，接着丝网印刷金属接触。然后将电池捆装在一起，压成板材，制成框架，在经过目检和性能测验后，完整的组件就可以上市了。

回收电池与原材料制成的电池相比，导电性能相当且环境特性更好[39]。使用流化床燃烧器，基于机械性能光伏电池的回收率为 80%。用来存放电池的玻璃基片，回收率是 100%。测量得出回收的晶圆和原材料在以下几方面性能相当：短路电流（33.6mA/cm^2 比 32.9mA/cm^2）、开路电压（681mV 比 611mV）、填充因子（76.6% 比 76.1%）和效率（15.9% 比 15.3 %）[38]。尽管回收过程中需要复杂的化学步骤，但回收光伏电池所需的能量要远远小于用原材料制造光伏电池的（0.99kWh/Wp 比 4.26kWh/Wp）。这些较小的能量要求转化成为组件更低的能源回收期（0.6 年比 2.58 年）。

组件清洁分离成玻璃、塑料和光伏电池三种主要废物流，提高了组件回收的效率。清洁分离可以减少材料再利用的化学步骤。例如，机械分离电池和密封剂得到改进时，就不需要使用流化床燃烧器从密封剂中除去电池了。这项建议需要光伏制造商在商业化进程中考虑 DfD 概念。

一项 DfD 提议是创建一个双层密封组件，消除了密封剂和光伏电池之间的直接粘附。透明的无粘着力的离型膜放置在密封剂和光伏电池之间（见图 5.10）。使用这个设计，从玻璃到光伏电池有了一条光学路径，但光伏电池与该结构没有化学结合。外缘没有无粘着力薄片，背板沿着外缘，密封剂仍然在背板

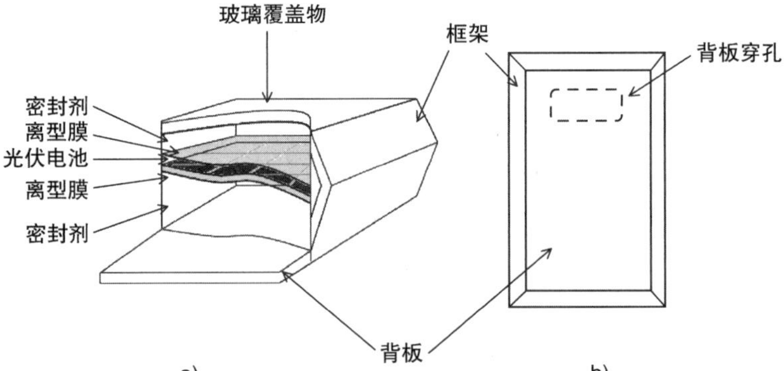

图 5.10 a）截面侧视图表明离型膜包裹着光伏电池；b）背面的光伏组件显示穿孔在后面的片材将被切断释放光伏电池

和玻璃覆盖物间充当粘合剂。在回收过程中，沿离型膜边缘用超声波刀切割背板，以此来得到光伏电池。清洁分离光伏电池由 Doi 和合伙伙伴证实[40]。他们证实 91% 的电池完好无损地恢复，84% 的电池仍然具有电性能。通过确保最大峰值功率 PMP 的比率为 0.95 或更大来验证电气性能。最大峰值功率是制造电池性能与回收电池性能的比率。

5.6　晶体硅电池制造中的浆料回收

从硅锭上切割硅晶片是制造过程中花费最多的一项，因为一块硅锭只有 50% ~60% 能生产出可用的晶片。Dong 和合作伙伴[41]估计 1t 硅和 5t 金刚砂浆体都能生产 550kg 可用的硅晶片。在切割时，硅的小碎片落入浆体。一般浆体中的硅含量高达 12wt%，所以它是有价值的回收材料。理想条件下，所有这些硅颗粒都可以重新得到并再熔化形成硅锭。然而，硅颗粒一定要大于 5μm 才能从废弃的浆体中有效恢复。金属丝中的铁和硅锭中的硅颗粒增加了浆体的黏度，减小了锯片切割的准确性[42]。而且，如果浆体没有准确过滤，不能再次用来切割。实际上，由于硅回收率有限且使用量大，浆料占总成本的 25% ~35%。

考虑到这些花费，研究人员提出了循环使用的方法[43-48]。Nishijima 和合作伙伴[46]展示了用超导磁体去除铁颗粒，随后通过离心分离（超过 3000r/min）去除碳化硅。其他研究人员也发展了回收废弃浆体来制陶用于各种不同的建筑材料（如砖块、屋瓦和铺路石）的方法。Kuniaki 和合作伙伴[49]建议超过 1140℃（1413K）烧制浆体来去除任何金属杂质。净化的混合物与瓷土混合，就可以在适宜的温度下焙烧二氧化硅来制陶了。

5.7　光伏组件覆盖物的玻璃回收

大多数光伏制造商不会透露他们的玻璃的确切组成。他们通常将盖玻璃片称为浮法玻璃，以掩盖其专有的化学配方。浮法玻璃指的是制造过程的加工技术而不是玻璃的化学组成。这个过程包括混合客户的化学规范中的原材料，在熔炉中熔化原材料，加热混合物质至熔融液态，在熔融金属（如锡）床上浮起玻璃。在退火炉低温退火检查后，分离玻璃再打包运输。浮法玻璃是光伏制造商的首选，因为众所周知它能创造均匀的厚度。

每个光伏制造商都与玻璃供应商密切合作，调整其覆盖物以优化电池性能。Nosrat 和合作伙伴[50]选取一些组件的覆盖物来寻找化学相似性。他们得出一般光伏覆盖物的组成：67% ~75% 二氧化硅、10% ~20% 氧化钠、5% ~15% 氧化钙、

0.001% ~0.05%三氧化二铁、小于0.0038%氧化亚铁和小于0.1%杂质。最小化铁含量在所有玻璃组成中都是至关重要的。不加入铁氧化物制造太阳能玻璃会减少着色，增加光传导15%。光传导的提高也增加了光伏组件的功率及可靠性[50]。

Lin 和合作伙伴[51]也研究了太阳能玻璃。他们发现在较小的浓度中，大多数成分是二氧化硅（75.9%）、氧化钠（8.5%）、氧化钙（6.2%）、氧化镁（2.9%）和氧化铝（0.1%）。在有毒成分方面，组成成分中含有银（5000mg/kg），但是基于美国毒性特性浸出程序（TCLP）的结果，废物玻璃将被认为是无毒害的。TCLP 表明没有检测到铅、铬、镉、锌、铜和镍。因此，在多数情况下，回收、再使用或是丢弃处理前不需要对玻璃进行处理。

因为光伏制造商不透露其玻璃配方，所以一些研究人员在推测覆盖层的理想的化学成分。例如，一些研究人员认为，玻璃陶瓷材料由于其硬度和耐热性，将非常适合这种应用。有三种普遍的微晶玻璃系统，通过金属氧化物的组成来辨别，分别是 LAS、MAS 和 ZAS。LAS 系统是由锂、铝和硅的氧化物（$LiO_2-Al_2O_3-nSiO_2$）组成，具有负热膨胀系数，对热冲击有强抗性。MAS 系统中有镁、铝和硅的氧化物（$MgO-Al_2O_3-nSiO_2$），ZAS 系统中有锌、铝和硅的氧化物（$ZnO-Al_2O_3-nSiO_2$）。无论化学成分如何，微晶玻璃的制造过程和覆盖物玻璃一样。玻璃由浮动流程形成，然后加热形成部分结晶。微晶玻璃的益处是为使用的组件覆盖物开发了一个新的循环流。具体来说，这些材料常用于炊具、灶具、地砖和墙砖，并且上层玻璃可以在这些应用中重复使用。

因为在一个光伏组件中按质量算，覆盖物玻璃是最大的部件，所以有必要开发回收手段。估计中国台湾的光伏制造商每年产生1000t 废物玻璃。因此，许多制造商想要寻求一种高效回收玻璃的方式来改善其组件对环境的影响。

一些制造商思考在组件结构中使用回收玻璃。碎玻璃，也被称为可回收玻璃，比原始材料熔点低。这相当于每使用10%的碎玻璃就能节约2% ~3.5%的能量[50]。然而，因为每个制造商玻璃的化学成分有很严格的规范，碎玻璃没有广阔的市场应用于光伏。而且，因为独特的化学成分阻止各种光伏组件的玻璃与其他商业用途（例如，电子产品、汽水瓶等）混合，所以找到买家是很困难的。这些约束限制了光伏玻璃的使用。

一个选择是让回收玻璃达到严格的覆盖物传输规范。回收玻璃一般有自然色彩，这阻止了它的其他应用。幸运的是，新技术已经证明可以消除由氧化钴（Ⅱ）（CoO）引起的着色。Miyoshi 和合作伙伴[52]证实了使用亚临界水可以从钠钙硅酸盐玻璃（$15.4Na_2O-12.8CaO-71.7SiO_2$ mol%）中除去94%的钴离子。亚临界指的是沸点以上临界以下的温度。在这些温度下，必须施加强压让水保持液体状态。具体地，Miyoshi 和合作伙伴在22MPa 的压力下，升高温度到358.85℃（632.00K），来获得3 ~6h 的提取时间。接下来用硝酸浸泡，然后用蒸馏水洗涤。在这种条件下，大多数钴都被萃取出来了[52]。然而，回收玻璃是否适合光伏应用仍然未经证实。

另一个选择是回收没有严格传输规范的覆盖物玻璃。回收玻璃可以作为双玻璃光伏组件的背基板，因为背基板没有传输要求。中国台湾的研究人员也表明化学结构中高浓度的氧化物提高了玻璃的机械耐久性，是理想的微晶玻璃陶瓷[51]。

目前，光伏制造商支付回收玻璃的费用。Norsat 和合作伙伴[50]提出，当光伏组件制造商的产量增加到 GW 级时，可以通过建设生态工业园来克服这种负现金流。为了确保盈利，制造商应该在园区发展闭环玻璃生产线。园区每年减少 220 000GJ 的排放，节省 30 000t 的原材料。这些估计基于这样的假设，即玻璃可以重新用作覆盖物或用作组件其他部分。

参 考 文 献

1. U.S. Department of Commerce. *Population.* Washington: Government Printing Office, 2012.
2. U.S. Environmental Protection Agency. *Wastes, Non-Hazardous Waste, Municipal Solid Waste.* Washington: Government Printing Office, 2012.
3. Weitz, K., S. Thorneloe, S. Nishtala, et al. "The Impact of Municipal Solid Waste Management on Greenhouse Gas Emissions in the United States." *Journal of the Air and Waste Management Association* 52 (2002): 1000–1011.
4. Bilitewski, B., G. Härdtle, and K. Marek. *Waste Management.* Dresden, Germany: Springer, 1994.
5. William McDonough & Partners. "The Hannover Principles: Design for Sustainability." San Francisco, CA, 1992. http://www.mcdonough.com/principles.pdf
6. Sroufe, R., S. Curkovic, F. Montabon, and S. Melnyk, "The New Product Design for Environment 'Crossing the Chasm.'" *International Journal of Operations and Production Management* 20 (2000): 267–291.
7. Dowie, T., M. Simon, and B. Fogg. "Product Disassembly Costing in a Life-Cycle Context." Presented at the International Conference on Clean Electronics Products and Technology (CONCEPT), Edinburgh, UK October 9–11, 1995.
8. Haller, M. *Comparing CO_2 Mitigation Options in the Electricity Sector: Nuclear Power, Renewable Energy and Carbon Sequestration.* Berlin: Technicshe Universitat, 2006.
9. U.S. Department of Energy. *U.S. Department of Energy Office of Science Basic Research Needs for Solar Energy Utilization Report of the Basic Energy Sciences Workshop on Solar Energy Utilization.* Washington: Government Printing Office, 2005.
10. International Energy Agency. *Technology Roadmap: Solar Photovoltaic Energy.* Paris: IEA 2010.
11. Blaga, A. "Use of Plastics in Solar Energy Applications." *Solar Energy* 21 (1978): 331–338.
12. Hackmann, M., M. Meuwissen, T.Bots, et al. "Technical Feasibility Study on Polycarbonate Solar Panels." *Solar Energy Materials and Solar Cells* 84 (2004): 105–115.
13. Oreski, G., and G. M. Wallner "Aging Mechanisms of Polymeric Films for PV Encapsulation." *Solar Energy* 79 (2005): 612–617.
14. Xanthos, M. *Functional Fillers for Plastics.* Hoboken, NJ: Wiley, 2010.
15. Leblanc, J. L. *Filled Polymers: Science and Industrial Application.* Boca Raton, FL: CRC Press, 2009.

16. Polymer REACH Consortium. *REACH for the Polymer Industry: A Practical Guide.* Shropshire, UK: Smithers Rapra Technology, 2012.
17. Achilias, D. S., and G. P. Karayannidis. "The Chemical Recycling of PET in the Framework of Sustainable Development." *Water, Air, and Soil Pollution: Focus* 4 (2004): 385–396.
18. Arena, U., M. Mastellone, and F. Perugini. "Life Cycle Assessment of a Plastic Packaging Recycling System." *International Journal of LCA* 8 (2003): 92–98.
19. Bohlmann, G. "Biodegradable Packaging Life-Cycle Assessment." *Environmental Progress* 23 (2004): 342–346.
20. Muñoz, I., J. Rieradevall, X. Domènech, and C. Gazulla. "Using LCA to Assess Eco-design in the Automotive Sector Case Study of a Polyolefinic Door Panel." *International Journal of Life Cycle Assessment* 5 (2006): 323–334.
21. Carvalho, S., L. E. Murr, and R. Arrowood, "Composite Prototypes: A Materials Alternative for Recycling Plastic and Glass Waste." *Advanced Performance Materials* 5 (1998): 159–169.
22. Bohland, J. R. "Possibility of Recycling Silicon PV Modules." Presented at the Conference Record of the 26th IEEE Photovoltaic Specialists Conference, Anaheim, CA, September 29–October 3, 1997.
23. Yamashita, K., A. Miyazawa, and H. Sannomiya, "Research and Development on Recycling and Reuse Treatment Technologies for Crystalline Silicon Photovoltaic Modules." *Conference Record of the 2006 IEEE 4th World Conference on Photovoltaic Energy Conversion*, Vol. 2. Waikoloa, HI, 2006: 2254–2257.
24. Doi, T., I. Tsuda, H. Unagida, et al. "Experimental Study on PV Module Recycling with Organic Solvent Method." *Energy Materials and Solar Cells* 67 (2001): 397–403.
25. Tange, L., and D. Drohmann. "Waste Management of Plastics Containing Brominated Flame Retardants." In *Proceedings of the Flame Retardants.* Conference London: Interscience Communications, Greenwich, U.K. 2002: 259–266 .
26. Milanov, N., K. Doods, K. W. Schramm, et al. "Comparison between Halogenated and Phosphorus-Containing Flame Retardants in Polybutylene Terephthalate: Toxicological and Ecotoxicological Evaluation of Combustion Products." *Organohalogen Compounds* 55 (2002): 402.
27. Marzi, T., and A. Beard. The Ecological Footprint of Flame Retardants over Their Life Cycle: A Case Study on the Environmental Profile of New Phosphorus-Based Flame Retardants." In *Proceedings of the Flame Retardants Conference.* London, U.K. February 2006. http://www.flameretardants-online.com/images/userdata/pdf/173_EN.pdf
28. Haniskos, D., S. Spiering, and M. Powalla. "Buffer Layers in Cu(In,Ga)Se_2 Solar Cells and Modules." *Thin Solid Films* 480–481 (2005): 99–109.
29. Hariskos, D. "Chemical Bath Deposition of CdS Buffer Layer: Prospects of Increasing Materials Yield and Reducing Waste." *Thin Solid Films* 387 (2001): 179–181.
30. de Wild-Scholten, M. "Energy Payback and Carbon Footprint of PV Technologies." Presented at the 20th Workshop on Crystalline Silicon Solar Cells and Modules: Materials and Processes. Breckenridge, CO, August 3, 2010.
31. Fthenakis, V., H. C. Kim, and E. Alsema. "Emissions from Photovoltaic Life Cycles." *Environmental Science and Technology* 42 (2008): 2168–2174.
32. Mason, J. E., V. M. Fthenakis, T. Hansen, and H. C. Kim. "Energy Payback and Life-Cycle CO_2 Emissions of the BOS in an Optimized 3.5-MW PV Installation." *Progress in Photovoltaics: Research and Application* 14 (2006): 179–190.
33. Krauter, S., and R. Rüther, "Considerations for the Calculation of Greenhouse Gas Reduction by Photovoltaic Solar Energy." *Renewable Energy* 29 (2004): 345–355.
34. Sullivan, J. "Canned Concept: How One Newfoundland Company Is Turning Aluminum Cans into Solar Panels." June–July 2011. http://www.ocean-resources.com/articles.asp?articleid=681
35. Shah, V. *Solar Energy Handbook: The Second Growth Phase of Solar Era.* New York: BCI, 2009.

36. Wambach, K. "Recycling of PV Modules." Presented at the Sunicon AG 1st International Conference on PV Module Recycling, Berlin, Germany, January 26, 2010.
37. McDonald, N. C., and J. M. Pearce "Producer Responsibility and Recycling Solar Photovoltaic Modules." *Energy Policy* 38 (2010): 7041–7047.
38. Frisson, L., K. Lieten, T. Bruton, et al. "Recent Improvements in Industrial PV Module Recycling." Presented at the 16th European Photovoltaic Solar Energy Conference, Barcelona, Spain, June 6–10, 2005.
39. Müller, A., K. Wambach, and E. Alsema. "Life Cycle Analysis of a Solar Module Recycling." Presented at the 20th European Photovoltaic Solar Energy Conference, Barcelona, Spain, June 6–10, 2005.
40. Doi, T., S. Igari, and I. Tsuda. "Development of a Recyclable PV-Module-Expansion to Multi-Cell Model" In *Conference Record of the 31st IEEE Photovoltaic Specialists Conference.* Lake Buena Vista, FL, 2005: 1773–1776.
41. Dong, A., L. Zhang, and L. Damoah. "Beneficial and Technological Analysis for the Recycling of Solar Grade Silicon Wastes." *Journal of the Minerals, Metals and Materials Society* 63 (2011): 23–27.
42. Bidville, A., I. Neulist, K. Wasmer, and C. Ballif. "Effect of Debris on the Silicon Wafering for Solar Cells." *Solar Energy Materials and Solar Cells* 95 (2011): 2490–2496.
43. Yuji, S., and T. Masaji, *Production of Ceramic Ware Utilizing Silicon Sludge.* U.S. Patent No. JP6009261. Iwao Jiki Kogyo, Kyushu Nippon Electric, 1994.
44. Wang, T. Y., Y. C. Lin, C. Y. Tai, et al. "Recovery of Silicon from Kerf Loss Slurry Waste for Photovoltaic Applications." *Progress in Photovoltaics: Research and Applications* 17 (2009): 155–163.
45. Wang, T. Y., Y. C. Lin, C. Y. Tai, et al. "A Novel Approach for Recycling of Kerf Loss Silicon from Cutting Slurry Waste for Solar Cell Applications." *Journal of Crystal Growth* 310 (2008): 3403–3406.
46. Nishijima, S., Y. Izumi, S.-I. Takeda, et al. "Recycling of Abrasives from Wasted Slurry by Superconducting Magnetic Separation." *IEEE Transaction on Applied Superconductivity* 13 (2003): 1596–1599.
47. Ciftja, A., T. A. Engh, and M. Tangstad. *Refining and Recycling of Silicon: A Review.* Trondheim, Norway: Norwegian University of Science and Technology, 2008.
48. Sarti, D., and R. Einhaus. "Silicon Feedstock for the Multi-Crystalline Photovoltaic Industry." *Solar Energy Materials and Solar Cells* 72 (2002): 27–40.
49. Kuniaki, T., O. Toyoko, K. Hideaki, and I. Yoshiaki, *Recycling of Sludge Containing Silicon and Reclaimed Product Thereby.* U.S. Patent number JP9175851, 1997
50. Norsat, A., J. Jesweit, and J. Pearce. "Cleaner Production via Industrial Symbiosis in Glass and Large-Scale Solar Photovoltaic Manufacturing." In *Proceedings of the IEEE International Conference on Science and Technology for Humanity (TIC-STH).* Toronto, Canada, 2009: 967–970.
51. Lin, K.-L., T.-C. Chu, C.-J. Cheng, et al. "Recycling Solar Panel Waste Glass Sintered as Glass-Ceramics." *Environmental Progress and Sustainable Energy,* 31 (2011): 1–7.
52. Miyoshi, H., D. Chen, and T. Akai "Novel Process Utilizing Subcritical Water to Recycle Soda-Lime-Silicate Glass." *Journal of Non-Crystalline Solids* 337 (2004): 280–282.

附　　录

附录 A　通用量度和国际单位制

表 A.1　光伏工业常用物理量、对应的国际单位（SI）和符号

物理量	国际单位	符号
能量	焦耳	J
体积	立方米	m^3
质量	克	g
电压	伏特	V
压强	帕斯卡	Pa
电流	安培	A
能量密度	焦耳每立方米	J/m^3
辐射	瓦特每平方米	W/m^2sr
温度	开尔文	K
摩尔浓度	摩尔每立方米	mol/m^3
功率	瓦特	W
质量分数	千克每千克	$kg/kg \times 100\% = w/w\%$
质量浓度	千克每立方米	$kg/m^3 \times 100\% = w/v\%$
体积浓度	立方米/立方米	$m^3/m^3 \times 100\% = v/v\%$

附录 B　常见的单位换算

表 B.1　常用物理量和换算

物理量	转换	单位	等式
能量	焦耳—电子伏特	1J	$1J = 6.2415 \times 10^{18}$ eV
温度	开尔文—华氏温度	1K	1K =（°F－32）（5/9）+ 273.15
温度	开尔文—摄氏度	1K	1K = 273.15 + °C
能量	兆焦耳—千瓦时	1MJ	1MJ = 0.277kWh
能量	焦耳—英国热量单位	1J	1J = 0.000948Btu
重量	千克—吨	1kg	1kg = 0.001mt
浓度	百万分之一—毫克每升	1ppm	1ppm = 1mg/L
压强	标准大气压—帕斯卡	1atm	1atm = 10 1325Pa
功率	瓦特—焦耳每秒	W	1W = 1J/s

表 B.2　公制前缀、符号和转换因子

前缀	符号	转换因子
tera	T	1 000 000 000 000
giga	G	1 000 000 000
mega	M	1 000 000
kilo	k	1000

（续）

前缀	符号	转换因子
hecto	h	100
deca	da	10
		1
deci	d	0.1
centi	c	0.01
milli	m	0.001
micro	μ	0.000001

附录 C　光伏制造商的 AHP 计算实例

步骤 1：确定问题的陈述。

步骤 2：选择供应商排名标准（为了简单起见，在这个例子中只有三个被选中）。

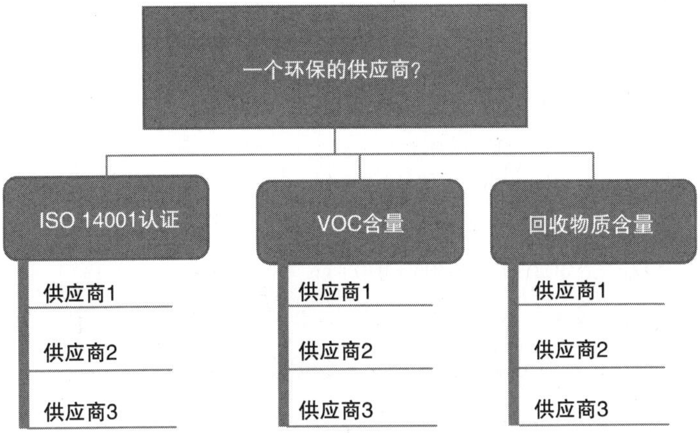

步骤 3：对光伏制造商的每一项标准的相对重要性进行了两两比较。1 表示不重要，3 表示适中，5 表示强，7 表示非常强，9 表示非常重要。

步骤 4：开发一个，列出这些成对比较的矩阵。解释第一行，1/1 意味着标准相同，2/1 意味着 ISO 14001 是包含在产品中的挥发性有机物（VOC）含量的 2 倍，1/5 意味着 ISO 14001 认证没有回收的物质重要。

	ISO 14001	VOC 含量	回收物质含量
ISO 14001	1/1	2/1	1/5
VOC 含量	1/2	1/1	3/1
回收物质含量	5/1	1/3	1/1

步骤5：将比率转换为小数使以下的数学运算更容易完成。

	ISO 14001	VOC 含量	回收物质含量
ISO 14001	1.0	2.0	0.2
VOC 含量	0.5	1.0	3.0
回收物质含量	5.0	0.3	1.0

步骤6：平方矩阵

$$\begin{bmatrix}1.0 & 2.0 & 0.2\\0.5 & 1.0 & 3.0\\5.0 & 0.3 & 1.0\end{bmatrix}\cdot\begin{bmatrix}1.0 & 2.0 & 0.2\\0.5 & 1.0 & 3.0\\5.0 & 0.3 & 1.0\end{bmatrix}=\begin{bmatrix}(1.0)(1.0)+(2.0)(0.5)+(0.2)(5.0) & (1.0)(2.0)+(2.0)(1.0)+(0.2)(0.3) & (1.0)(0.2)+(2.0)(3.0)+(0.2)(1.0)\\(0.5)(1.0)+(1.0)(0.5)+(3.0)(5.0) & (0.5)(2.0)+(1.0)(1.0)+(3.0)(0.3) & (0.5)(0.2)+(1.0)(3.0)+(3.0)(1.0)\\(5.0)(1.0)+(0.3)(0.5)+(1.0)(5.0) & (5.0)(2.0)+(0.3)(1.0)+(1.0)(0.3) & (5.0)(0.2)+(0.3)(3.0)+(1.0)(1.0)\end{bmatrix}$$

$$=\begin{bmatrix}3.00 & 4.06 & 6.40\\16.00 & 2.90 & 6.10\\10.15 & 10.60 & 2.90\end{bmatrix}$$

步骤7：通过增加每一行的元素并除以每一行的总和，找到新矩阵的特征向量。这将为每个标准创建加权比率。

$$\begin{bmatrix}3.00 & 4.06 & 6.40\\16.00 & 2.90 & 6.10\\10.15 & 10.60 & 2.90\end{bmatrix}=\begin{bmatrix}(3.00+4.06+6.40)/62.11\\(16.00+2.90+6.10)/62.11\\(10.15+10.60+2.90)/62.11\end{bmatrix}=\begin{bmatrix}0.216\\0.402\\0.381\end{bmatrix}\begin{matrix}\text{ISO 14001}\\\text{VOC 含量}\\\text{回收物质含量}\end{matrix}$$

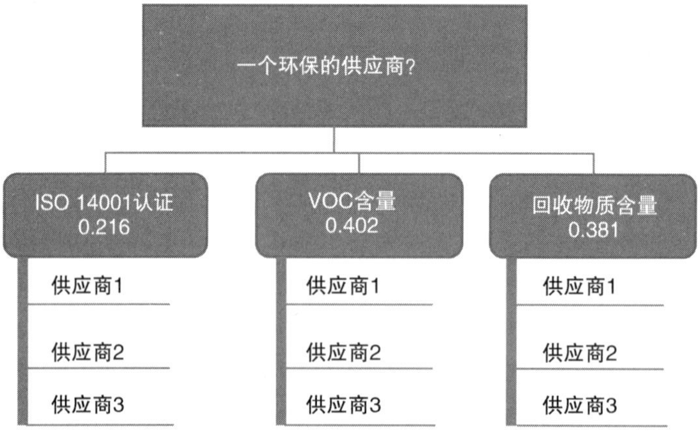

步骤8：用同样的比例从供应商的反馈中创建一个矩阵：1 表示不重要，3 表示适度，5 表示强，7 表示非常强，9 表示非常重要。在这种情况下，这将根

据 ISO 14001 认证的结果来排序。

$$\begin{array}{c|ccc} & \text{供应商1} & \text{供应商2} & \text{供应商3} \\ \hline \text{供应商1} & 1/1 & 1/6 & 1/2 \\ \text{供应商2} & 6/1 & 1/1 & 8/1 \\ \text{供应商3} & 2/1 & 1/8 & 1/1 \end{array}$$

步骤 9：将比率转换为小数。

$$\begin{array}{c|ccc} & \text{供应商1} & \text{供应商2} & \text{供应商3} \\ \hline \text{供应商1} & 1.00 & 0.16 & 0.50 \\ \text{供应商2} & 6.00 & 1.00 & 8.00 \\ \text{供应商3} & 2.00 & 0.13 & 1.00 \end{array}$$

步骤 10：平方矩阵

$$\begin{bmatrix} 1.00 & 0.16 & 0.50 \\ 6.00 & 1.00 & 8.00 \\ 2.00 & 0.13 & 1.00 \end{bmatrix} \cdot \begin{bmatrix} 1.00 & 0.16 & 0.50 \\ 6.00 & 1.00 & 8.00 \\ 2.00 & 0.13 & 1.00 \end{bmatrix} = \begin{bmatrix} 2.96 & 0.39 & 2.28 \\ 28.00 & 3.00 & 19.00 \\ 4.78 & 0.58 & 3.04 \end{bmatrix}$$

步骤 11：通过增加每一行的元素并除以每一行的总和，找到新矩阵的特征向量。这将为每个标准创建权重比。这是基于 ISO 14001 认证标准的供应商排名。

$$\begin{bmatrix} 2.96 & 0.39 & 2.28 \\ 28.00 & 3.00 & 19.00 \\ 4.78 & 0.58 & 3.04 \end{bmatrix} = \begin{bmatrix} (2.96+0.39+2.28)/64.025 \\ (28.00+3.00+19.00)/64.025 \\ (4.78+0.58+3.04)/64.025 \end{bmatrix} = \begin{bmatrix} 0.09 \\ 0.78 \\ 0.13 \end{bmatrix} \begin{array}{l} \text{供应商1} \\ \text{供应商2} \\ \text{供应商3} \end{array}$$

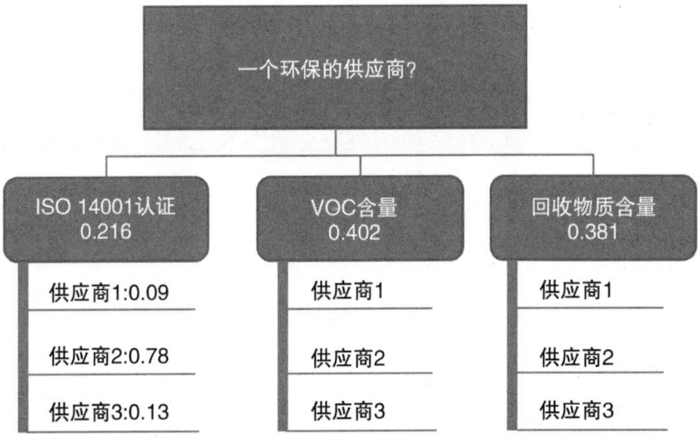

步骤 12：对每个标准重复步骤 8 ~ 步骤 11。

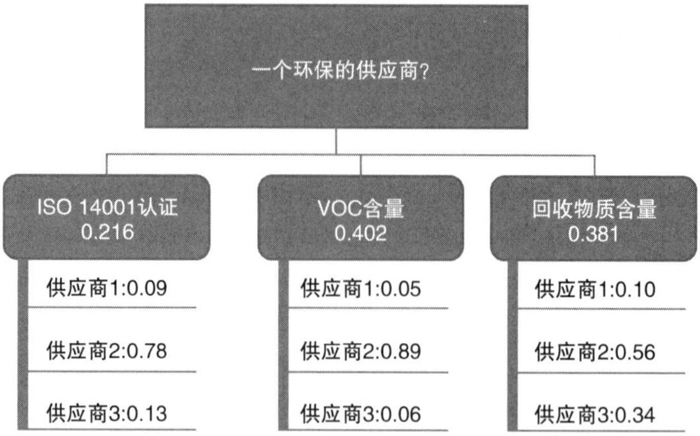

步骤13：为了找到理想的供应商，每个供应商提供的物质在反应时必须乘以每个标准的加权系数。

$$\begin{array}{l} \\ \text{供应商 1} \\ \text{供应商 2} \\ \text{供应商 3} \end{array}\begin{array}{c}\begin{array}{ccc}\text{ISO 14001} & \text{VOC 含量} & \text{回收物质含量}\end{array}\\ \begin{bmatrix} 0.09 & 0.05 & 0.10 \\ 0.78 & 0.89 & 0.56 \\ 0.13 & 0.06 & 0.34 \end{bmatrix}\end{array} \cdot \begin{bmatrix} 0.216 \\ 0.402 \\ 0.381 \end{bmatrix} \begin{array}{l} \text{ISO 14001} \\ \text{VOC 含量} \\ \text{回收物质含量} \end{array}$$

$$= \begin{bmatrix} (0.09)(0.216) + (0.05)(0.402) + (0.10)(0.381) \\ (0.78)(0.216) + (0.89)(0.402) + (0.56)(0.381) \\ (0.13)(0.216) + (0.06)(0.402) + (0.34)(0.381) \end{bmatrix} = \begin{bmatrix} 0.08 \\ 0.74 \\ 0.18 \end{bmatrix} \begin{array}{l} \text{供应商 1} \\ \text{供应商 2} \\ \text{供应商 3} \end{array}$$

步骤14：因此，最好的供应商是2号。

附录D 美国危险废物的定义和特点

表D.1 美国联邦废物管理条例中废物的性质、参考章节、定义和缩写

性质	40CFR 章节	定义	缩写
可燃性	261.21	燃点低于140℉（333.15 K）；氧化剂；可燃压缩气体；通过摩擦引起火灾的非液体	I
腐蚀性	261.22	pH值小于2的酸或pH值大于12.5的碱；以大于0.250in[㊀]/年的速度腐蚀钢铁	C

㊀ 1in = 25.4mm。

（续）

性质	40CFR 章节	定义	缩写
反应性	261.23	不稳定，容易发生剧烈变化；与水剧烈反应；与水混合时形成有毒烟雾；当暴露于 pH 值为 2～12 的物质时会产生有毒烟雾的含氰化物或含硫化物的物质；受到加热或压力时会产生爆炸性反应；在标准温度和压力下容易引爆或反应；被美国交通部定义为禁止爆炸物或 A 类或 B 类爆炸物	R
毒性	261.24	摄入或吸收时有害或致命；基于毒性特征浸出程序（TCLP）的结果定义为毒性	T

表 D.2　一些具有重要性质的 pH 值

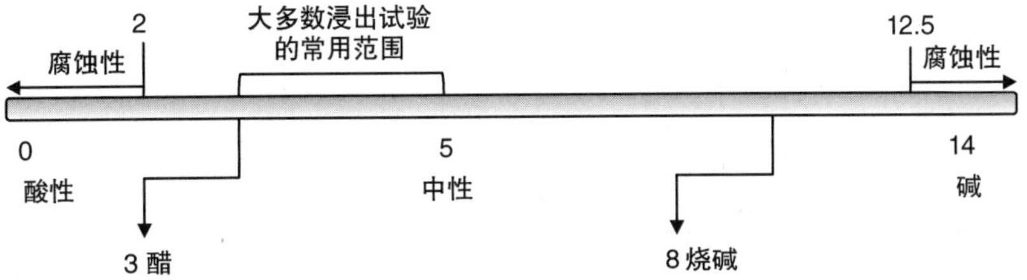

附录 E　全球环境监管机构

表 E.1　在北美洲、欧洲不同的国家的环境监管机构

国家	环境监管机构
奥地利	环境署/联邦农业、林业、环境和水管理部
比利时	地处佛兰德的国立废物治理公司（OVAM）/布鲁塞尔环境管理研究所（IBGE）
保加利亚	经济部（WEEE 注册接口）
塞浦路斯	环境部的环境服务部门/农业、自然资源和环境部
捷克共和国	环境运输部/环境部
丹麦	环境保护署/环境部
爱沙尼亚	环境信息中心/环境部
芬兰	皮尔卡区域环境中心（WEEE 注册接口）/芬兰环境研究所
法国	环境与能源管理署（ADEME）
德国	电气设备寄存器（EAR）基金会/联邦环境部
希腊	环境、能源和气候变化部（WEEE 注册接口）/全国包装材料及其他产品替代管理组织（EOEDSAP）
匈牙利	国家环境监察局/环境保护总局
爱尔兰	环境保护署
意大利	意大利商会全国联盟（WEEE 注册接口）/环境部

（续）

国家	环境监管机构
拉脱维亚	国家环境、地质和气象署
立陶宛	环境部/环境署
卢森堡	环境管理部
马耳他	环境和规划局
荷兰	经济事务部/环境部
波兰	环境保护监察总部/环境部
葡萄牙	国家废物所
罗马尼亚	国家环境保护署（NEPA）
斯洛伐克	环境部
斯洛文尼亚	环境和空间规划部/环境部
西班牙	工业部
瑞典	环境保护署（WEEE 注册接口）
英国	环境署
美国	环境保护署（EPA）

附录 F　相关的行业和组织缩写

英文简称	英文全称	中文解释
ACLCA	American Center for Life Cycle Assessment	美国生命周期评估中心
AFNOR	Association Française de Normalisation	法国标准化协会
ALD	Atomic layer deposition	原子层沉积
ANSI	American National Standards Institute	美国国家标准学会
ASTM	American Society for Testing and Materials	美国测试与材料协会
BACT	Best - available control technology	最佳控制技术
BDAT	Best - demonstrated available technology	最佳示范技术
BIPV	Building - integrated photovoltaic	光伏建筑一体化
BREEAM	Building Research Establishment Environmental Assessment Method	建筑研究院环境评估方法
BOS	Balance of systems	平衡系统
BS EN	British Standard European Norm	基于欧洲标准的英国标准
BSI	British Standards Institution	英国标准机构
CAGR	Compound annual growth rate	复合年均增长率
CBD	Chemical bath deposition	化学浴沉积
CdS	Cadmium sulfide	硫化镉

（续）

英文简称	英文全称	中文解释
CdTe	Cadmium telluride	碲化镉
CERCLA	Comprehensive Environmental Response, Compensation, and Liability Act	综合环境反应、补偿和责任法
CCR	California Code of Regulations	加利福尼亚州管制法规
CFC	Chlorofluorocarbons	氯氟烃
CFR	Code of Federal Regulations	美国联邦法规
CIGS	Copper – indium – gallium diselenide	铜铟镓二硒化物
CIS	Copper – indium diselenide	铜铟二硒化物
CMA	Coal Mine Health and Safety Act	煤矿健康与安全法
CPV	Concentrated photovoltaic	集中光伏
CRIT	Corrosivity, reactivity, ignitability, toxicity	腐蚀性、反应性、可燃性、毒性
c – Si	Crystalline silicon	晶体硅
CSI	Common – sense initiative	常识性倡议
CVD	Chemical vapor deposition	化学气相沉积
DfA	Design for assembly	装配设计
DfD	Design for disassembly	拆卸设计
DfE	Design for environment	环境设计
DIN	Deutsches Institut für Normung e. V.	德国德意志研究所
DOE	Department of Energy	美国能源部
DNI	Direct normal irradiance	直接正常辐照度
DTSC	California Department of Toxic Substances Control	加利福尼亚州有毒物质管理局
EC	European Community	欧共体
ECHA	European Chemicals Agency	欧洲化学品管理署
ECP	Environmentally conscious product or environmentally conscious purchasing	环保产品或有环保意识的购买
EE	Embodied energy	实体能量
EEC	European Economic Community	欧洲经济共同体
EH&S	Environmental, Health, and Safety	环境、健康和安全
EIA	Environmental impact assessment	环境影响评估
EICC	Electronic Industry Citizenship Coalition	电子行业公民联盟
EOL	End of life	终身
EMS	Environmental management system	环境管理体系
EMAS	European Eco – Management and Audit Scheme	欧洲生态管理与审计计划
EPA	Environmental Protection Agency	环境保护署
EPBT	Energy payback time	能源回收期
EPEAT	Electronic product environmental assessment tool	电子产品环境评估工具

（续）

英文简称	英文全称	中文解释
EPD	Environmental product declaration	环保产品申报
EPR	Extended producer responsibility	扩大生产者责任
EP – Tox	Extraction procedure toxicity	提取程序毒性
EPIA	European Photovoltaic Industry Association	欧洲光伏行业协会
EPCRA	Emergency Planning and Community Right – to – Know Act	应急计划与社区知情权法
ERM	Environmentally responsible manufacturing	环保制造
EROI	Energy return on investment	能源投资回报
EU	European Union	欧盟
EU ETS	European Union Emissions Trading Scheme	欧盟排放交易计划
E – waste	Electronics waste	电子废物
EEE	Electrical and electronic equipment	电气电子设备
FC	Fluorocarbon	氟烃
GBCI	Green Building Certification Institute	绿色建筑认证研究所
GDP	Gross domestic product	国内生产总值
GHG	Greenhouse gas	温室气体
GHI	Global horizontal irradiance	全球水平辐照度
GHI	Greenhouse inventory	温室库存
GWP	Global – warming potential	全球升温潜势
HCFC	Hydrochlorofluorocarbons	氟氯烃
HMBP	Hazardous materials business plan	有害物质商业计划
IBC	International Building Code	国际建筑规范
ICP	Inductively coupled plasma	感应耦合等离子体
IEA	International Energy Agency	国际能源署
IEA PVPS	International Energy Agency Photovoltaic Power Systems Programme	国际能源署光伏电力系统项目
IEEE	Institute of Electrical and Electronics Engineers	电气与电子工程师学会
IPCC	Intergovernmental Panel on Climate Change	政府间气候变化专门委员会
ISO	International Organization for Standardization	国际标准化组织
ILGAR	Ion – layer gas reaction	离子层气体反应
LAER	Lowest achievable emission rate	最低可实现的排放率
LCA	Life – cycle assessment	生命周期评估
LCIA	Life – cycle impact assessment	生命周期影响评估
LCC	Life – cycle costs	生命周期成本
LEED	Leadership in Energy and Environmental Design	领先能源与环境设计
MEP	Multiple extraction procedure	多次提取程序

（续）

英文简称	英文全称	中文解释
MG – Si	Metallurgical – grade silicon	冶金级硅
MSDS	Material Safety Data Sheet	材料安全数据表
MMTCE	Million metric tons carbon equivalents	百万吨碳当量
MSW	Municipal solid waste	城市固体废物
NEN	Nederlands Normalisatie – Instituut	荷兰标准协会
NGO	Nongovernment organization	非政府组织
NIPDS	National Interim Primary Drinking Water Standards	国家临时饮用水标准
NPL	National priorities list	国家优先事项清单
NREL	National Renewable Energy Laboratory	国家可再生能源实验室
OHSAS	Occupational Health and Safety Advisory Services	职业健康与安全咨询服务
OSHA	Occupational Safety and Health Administration	职业安全与健康管理局
ODP	Ozone – depletion potential	臭氧消耗潜力
PAS	Publically available standard	公开可用的标准
PBB	Polybrominated biphenyls	多溴联苯
PBDE	Polybrominated diphenyl ether	多溴二苯醚
PBT	Persistent, bioaccumulative, and toxic	持久性、生物累积性和毒性
PCR	Product category rules	产品类别规则
PECVD	Plasma – enhanced chemical vapor deposition	等离子体增强化学气相沉积
POCP	Photochemical oxidant creation potential	光化学氧化剂生成潜能
ppm	Parts per million	百万分之一
PR	Performance ratio	性能比
PV	Photovoltaic	光伏
RACT	Reasonably available control technology	合理可用的控制技术
RCRA	Resource Conservation and Recovery Act	资源保护和恢复法
REACH	Registration, Evaluation, Authorisation and Restriction of Chemicals	化学品的注册、评估、授权和限制
REE	Rare earth elements	稀土元素
REC	Renewable – energy credit	可再生能源信贷
RMP	Risk – management plan	风险管理计划
RoHS	Restriction of Hazardous Substances Directive	有害物质限制指令
RRE	Resource recovery efficiency	资源回收效率
SARA	Superfund Amendments and Reauthorization Act	超级基金修正和再授权法
SENSE	Sustainability evaluation of solar energy system	太阳能系统可持续发展评估
SI	International System of Units	国际单位制
Solar ABC	Solar America Board for Codes and Standards	美国太阳能规范和标准委员会
SPLP	Synthetic precipitation leaching procedure	合成沉淀浸出程序

（续）

英文简称	英文全称	中文解释
SRI	Solar reflectance index	太阳能反射指数
STLC	Soluble threshold limit concentration	可溶性阈值浓度
SVHC	Substances of very high concern	高度关注的物质
TAR	Third annual report	第三次年度报告
TC	Toxicity characteristic	毒性特征
TCLP	Toxicity characteristic leaching procedure	毒性特征浸出程序
TRACI	Tool for the reduction and assessment of chemical and other environmental impacts	减少和评估化学和其他环境影响的工具
TRI	Toxic release inventory	有毒物质排放清单
TR	Technical report	技术报告
TS	Technical specification	技术规格
TTLC	Total threshold limit concentration	总阈限浓度
UK	United Kingdom	英国
UN	United Nations	联合国
US	United States	美国
USGBC	United States Green Building Council	美国绿色建筑委员会
UTS	Universal Treatment Standards	通用处理标准
VOC	Volatile organic compounds	挥发性有机化合物
vPvB	Very persistent, very bioaccumulative	高持久性、高生物累积性
WET	Waste extraction test	废物提取试验
WEEE	Waste electrical and electronic equipment	电气电子废物
WHO	World Health Organization	世界卫生组织
ZnTe	Zinc telluride	碲化锌

附录 G　美国重要的环境法规

表 G.1　美国有关环境法规和简要摘要

法规	简 要 摘 要
《联邦水污染控制法》（也称为《清洁水法》），1948 年	一项限制国家水道污染的联邦法律。该法案于 1977 年修订，用来建立规范排放的框架。美国环境保护署（EPA）被认定为对可以排放的污染物设限的监管机构。该法案禁止未经许可，从任何一点源头进入公共水道。建立了污水处理厂，改善国家通航水域水质
《清洁空气法》，1955 年	一项联邦法律，赋予美国环境保护署制定空气排放限制，即国家环境空气质量标准（NAAQS）的权力。该法案规定了公共部门和私营部门的固定和移动来源的排放

（续）

法规	简 要 摘 要
《固体废物处理法》，1965 年	制定一项替代垃圾焚烧的法律
《信息自由法》（FOIA），1966 年	允许公民在不透露其身份和意图的情况下向政府机构索要信息。这项法规不提供以下信息：与国防、人事规则和惯例相关的信息，犯罪指控信息，信息披露可能会改变结果的调查信息，导致金融投机或影响金融结构稳定的信息，或是某个机构参与的诉讼信息
《职业安全与健康法》，1970 年	联邦法律规定了私营和公共部门的生产条件，设定了在工作场所的化学、机械、听觉和热危害的暴露限制。国家职业安全与健康研究所（NIOSH）负责设定这个标准，美国劳工部的一个部门——职业安全与健康管理局（OSHA）负责执行立法
《国家环境政策法》（NEPA），1970 年	NEPA 是第一个国家环境法。它为政府机构建立了一个框架，考虑各种政府活动的环境影响，如办公室、实验室和机场的建造。环境评估和影响条例使得那些联邦机构识别他们行为的环境后果并寻找替代品行为可能减小影响
《污染防治包装法》，1970 年	通过减少包装引起国家对资源减少的认识并建立相关政策的法律。减少其他自然资源（如能源、材料、水）的建议也得到了解决
《资源复苏法》，1970 年	1965 年固体废物处理法的修正案。它授权美国环境保护署执行研究项目通过强调物质和能量回收开发处理固体废物的方法
《濒危物种法》，1973 年	该法案旨在保护“由于经济的增长和发展，未经充分的关注和保护”因而受到威胁濒临灭绝的物种。美国内政部的鱼类和野生动物服务部门公布了濒危和受威胁物种名单，基于农药和悬浮液对濒危物种潜在的不利影响，美国环境保护署决定进行登记。该法案禁止任何威胁物种及其栖息地的行为（美国内政部，美国鱼类和野生动物服务部门，1973 年的《濒危物种法》通过第 108 届国会修改。华盛顿：政府印刷局，1973 年）
《资源保护与恢复法》（RCRA），1976 年	RCRA 是管理危险废物从产生到结束的联邦法律。它只考虑当前和未来的危险废物，而不包括历史遗留。该法案构建了用于危险废物和非危险废物区分及适当处理的框架
《综合环境反应、补偿和责任法》（CERCLA），1980 年	也被称为超级基金。该法案对化学和石油工业征税，为尚未分配给责任方的排放清理投放资金。它还承担危险化学品实体释放的赔偿的责任。最后，该法案“确立禁止和关于关闭与废弃危险废物场地的要求”。该法案下，有两种典型的反应，分类为短期撤除和长期补救措施。受影响的网点记录在美国环境保护署国家优先事项清单（NPL）中

（续）

法规	简要摘要
《应急计划与社区知情权法》（EPCRA），1986年	这项法案被通过以此来确保州和政府规划危险化学品泄漏和发展在释放事件中当地社区知晓的机制。它建立了一个提高群体对潜在危险化学品泄漏意识的应急响应小组。每个州都必须任命一个州应急委员会（SERC），它在地域上把州划分成区，因此也被叫作当地应急计划委员会（LEPC）。EPCRA 也被称为 SARA 标题Ⅲ
《超级基金修正和再授权法》（SARA），1986 年	超级基金项目实施 6 年后，SARA 被通过来解决项目最初执行时的一些效率低下的问题。从涉众参与到项目建构的所有事项都得到了解决。SARA 修订了危险等级系统（HRS）中包含的标准，一种用来确定那些废物网点在 NPL 中，确保所有可能造成重大损害人类健康的事件包括在内。此外，它鼓励地方公民和国家更广泛地参与清洁需求和活动的确立。新的结算工具和更大的信托基金（85 亿美元）投入协助执行。最后，鼓励永久性和创新性的废物处理和补救措施
《石油污染法》（OPA），1990 年	这项法规要求社区制定一个当地应急计划来应对可能的石油泄漏。美国环境保护署必须对储存设施和船舶的可能泄漏有遏制和清理计划。除了应急计划外，该法案允许在没有明确责任方或责任方不愿意或无法进行清理的情况下，通过税收为清理溢油提供资金

附录 H　欧盟重要的环境法规

表 H.1　欧盟有关环境法规和简要摘要

指令	简要描述
2002/96/EC 电子电气废物（WEEE）	为旧电子设备的收集、回收和恢复设定配额的欧洲法规。制造商和分销商有责任进行安全处置，这意味着制造商必须参与区域回收中心的回收和恢复，每年提供免费的回收计划。鼓励电子设备的再利用、再循环和回收，以减少电子废物
2002/95 EC 电气和电子设备中的有害物质限制（RoHS），2003 年	欧盟下令禁止镉、汞、铅、铬、溴化阻燃剂、多溴联苯（PBB）和溴联苯醚（PBDE）等化学物质和元素的使用超过指定的限制。上述化合物在均相组分中不允许超过 10^{-3}，镉不允许超过 10^{-4}
94/62EC 欧洲包装和包装废物，1996 年	欧盟对包装材料中各种金属（Hg、Pb、Cr^{6+}、Cd）可接受的浓度范围进行限制。它还需要对欧盟成员国进行登记、报告和回收配额。支持包装废物的减少和再利用
2006/12/EC 废物处置	阐述欧盟成员国废物管理定义和要求的欧洲指令。它适用于固体废物，但不适用于空气排放、水排放、农业废物、爆炸物、放射性废物或矿物。要求成员支持废物的再利用、再循环和减少

（续）

指令	简要描述
1999/31/EC 垃圾填埋场	创建垃圾填埋场分类、废物分类和特征技术的欧洲指令
91/689/EC 有害废物	为组织、生产者和会员国提供适当的废物处置的欧洲指令。它还包括紧急计划、规章和通信要求
75/439/EEC 废油	一项欧洲指令，提供废油回收和处置、储存规则以及欧盟成员国执行这项立法应尽责任的框架

附录I　常见的光伏性能特性

I.1　电流、电压和功率

光伏制造商通常会测量其制造的每个组件的电流和电压。测量依据国际电工委员会（IEC）标准61215：晶体硅地面光伏组件：设计资格和类型批准，或者IEC标准61646：薄膜光伏组件：设计资格和类型批准，取决于组件类型。

短路电流I_{SC}是在没有外加电压时产生的电流。开路电压V_{OC}是当没有电流的时候产生的电压。短路电流和开路电压的乘积定义了组件所能产生的理想功率，但实际上组件却产生了最大峰值功率（PMP）P_{max}。最大峰值功率，也称为瓦特峰（Wp），是最大功率下的输出电流I_{pmax}和电压V_{pmax}的乘积。

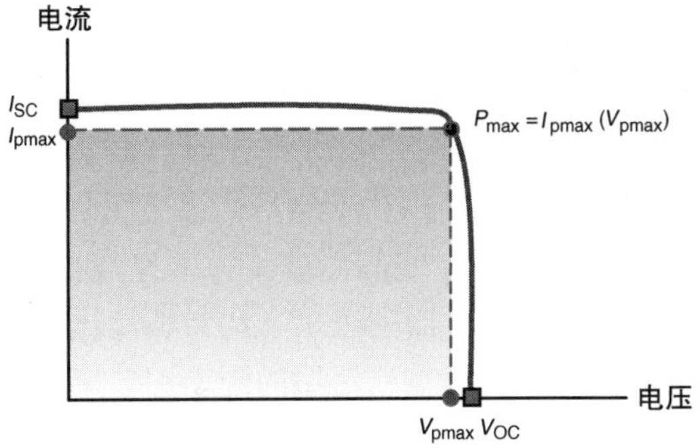

参考文献

国际电工委员会。IEC 61215 标准：晶体硅地面光伏组件：设计资格和类型批准。瑞士日内瓦，2005：IEC 2005。

国际电工委员会。IEC 61646 标准：薄膜地面光伏组件：设计资格和类型批准。瑞士日内瓦：IEC 2008。

I.2　组件效率

多数制造商测量组件的效率按照美国测试与材料协会（ASTM）标准E1036：

使用非参比电池的非聚能地面光伏组件的电气性能的标准测试方法。典型的发光强度是 1kW/m^2，组件效率是实际功率超过理想条件下入射光产生效率的百分比。它是最大功率下组件的电流和电压的乘积与组件面积和辐照强度的乘积的比值。该比值乘以 100% 以产生百分比效率。

组件效率

$$\eta(\text{组件}) = \left(\frac{I_{max}V_{max}}{Area_{\text{组件}}\ I_{irr}}\right) \times 100\%$$

$I_{irr} = 1\ \text{kW/m}^2$（对于 ASTM E1036）

参考文献

美国测试与材料协会。ASTM 标准 E1036：使用非参比电池的非聚能地面光伏组件的电气性能的标准测试方法。ASTM 国际，宾夕法尼亚州西康舍霍肯，2007 年。

I.3 性能比

组件的性能是由实际产量、理论产量、性能比（PR）所说明，所有这些参数的测量都基于 IEC 标准 61724：光伏系统性能监控：测量、数据交换和分析的准则。性能比是光伏装置实际功率与理想条件下理论功率的比率。理论产量是指在给定地理位置上，指定角度方向，组件所能产生的电量。它是用太阳辐射量（kWh/m^2）、标准测试条件下（25℃电池温度，1000W/m^2 辐射，AM1.5 标准光谱）的组件功率的乘积除以组件面积和 1kW/m^2 辐照度的乘积来计算。

典型的性能比是 0.75。也有一些晶体硅组件的性能比大于 0.85。各种损耗导致了获得的性能比不太理想。下面列出了一些对性能比影响最大的损耗。由非理想的阳光采集造成的损耗，包括雪或污垢的阴影和玻璃覆盖层上的光反射。热损耗，载流子电荷的复合，或者光子和带隙之间的其他不匹配也会降低性能比。最后，系统损耗包括逆变器的转换损耗和系统停机导致的损耗。

$$\text{RP} = \frac{\text{实际交流产量}}{\text{理论直流产量}}$$

$$\text{理论产量} = \frac{\text{太阳辐射量}(\text{kWh/m}^2)[\text{组件面积}(\text{m}^2)][\text{标准测试条件下的组件功率}(\text{kW})]}{[\text{组件面积}(\text{m}^2)](1\text{kW/m}^2)}$$

参考文献

国际电工委员会。IEC 标准 61724：光伏系统性能监控：测量、数据交换和分析的准则。瑞士日内瓦：IEC，1998。

附录J　光伏组件的生命周期评估案例

1. 摘要

生命周期评估（LCA）是太阳能光伏企业用来量化产品环境效益的常用方法。具体来说，LCA可以成为光伏初创企业的关键手段，保证发展以确保其产品对环境的影响尽量小并最大限度地保护环境。

美国Solyndra公司是一家圆柱形铜铟镓二硒化物（CIGS）面板制造商，可以作为生产能力对环境性能影响的案例研究。从2008年第四季度开始，其100系列产品能源回收期（EPBT）经历了指数性衰减导致其工厂生产几乎线性增长。当Solyndra公司的产量为4.1MW时，100系列产品的EPBT是3.4年；当其产量达到121MW时，EPBT降低至1.2年。这种下降是产量和效率增加的结果。所以他们的组件的环境性能受到生产的重大影响直到产量达到200MW规模。200MW后，面板设计是EPBT的主要影响因素。由圆柱形组件带来的更多的能量被更低的平衡系统（BOS）成本所抵消，这样和平板组件相比就有更具竞争力的EPBT。

与EPBT类似，100系列产品的碳足迹随着产量的增加呈指数下降。累计产量为121MW后，达到了工业标准的29.8g CO_{2-eq}/kWh。

2. 介绍

安装清洁、可再生电力带来的环境效益是部分光伏制造商的价值主张。在营销中加入这些宣传，增加了制造商为消费者提供技术比较的需求。大多数光伏太阳能公司采用LCA作为首选方法来验证环境可持续发展。

执行LCA以确定环境影响面板的生命周期。对于光伏产业来说，特别强调两个环境影响：EPBT和碳足迹[1]。EPBT是生产组件面板所需的时间与组件生命周期内使用的时间的差值。面板的碳足迹是生命周期中产生的二氧化碳量除以同一时间内产生的能量。

环境影响高度依赖于光伏电池技术。几十年来，光伏市场一直是由晶体硅（c-Si）技术占据主导地位，截至2011年，其占据了全球年度市场的80%～90%[2,3]。因此，关于EPBT的工业报告通常基于晶体硅技术。与薄膜组件（0.5～1.0年）相比，晶体硅组件的EPBT通常较高（1.5～2.0年）[4,5]。通常情况下，一个具体的技术会有一个对应范围，因为确切的数值取决于对准确的制造流程、组件设计和LCA从业者的假设。

每种技术的环保性能有不同的主要影响[6]。硅锭中晶体硅电池的形成是较高EPBT的主要因素之一。相反，薄膜技术使用较少的半导体材料，使得层压板和BOS对EPBT的贡献更高。

薄膜光伏电池有不同的化学形式，但与此讨论最相关的是CIGS。典型的，在南欧的平屋顶上 CIGS 装置的 EPBT 为 1.2 年[5]。对于平板组件，BOS 贡献了 1.2 年 EPBT 中的 0.5 年。这占了 EPBT 的 42%，因此大多数制造商认为 BOS 是减少 EPBT 的选择。平屋顶安装通常使用大量的钢筋混凝土将太阳电池组件固定在建筑物上[8]。因此，光伏组件和屋顶集成/或最少使用 BOS 材料，是大多数企业未来产品设计的主要路线。

光伏电池技术的影响、组件设计、安装条件对 EPBT 的影响都有很完备的记录，但却很少有工厂规模和经营条件造成的影响的信息发布。每年只有 100 ~ 250MW 产量的大型光伏制造商为全球生命周期清单贡献了信息。因此，关于初创企业对 EPBT 影响的信息很少。一个例外是关于铜铟硒（CIS）制造的信息。当运行试点工厂时，CIS 组件制造商可以预计 EPBT 为 9 ~ 10 年。典型的试点工厂产量定义为 15kWp/月，加工能源使用量为 15107kWhe/kWp。满负荷生产能力达到 200kWp/月和 1725kWhe/kWp。每月生产 200kWp（2.4MWp/年），CIS 组件制造商预计 EPBT 为 1.8 年。对于这一较低值，工厂的加工业务占据了 1.8 年中的 1.0 年[9]。在这些情况下，生产能力明显占主导地位。在研究 CIS 生产时，没有讨论 CIS 技术何时将主导环境影响。

各种光伏技术的碳足迹也呈现出了类似的趋势。预计晶体硅和薄膜组件的范围为 16 ~ 29gCO_{2-eq}/kWh。与 EPBT 一样，晶体硅电池加工在晶体硅制造商的碳足迹中主导地位。硅原料、晶圆和电池制造贡献了该组件的 50% 以上碳足迹。相反，薄膜组件的碳足迹由层压结构、框架和 BOS 的材料决定。这些设计的影响是在制造商达到规模经济后实现的。同样的，在达到几百兆瓦的产量后，CIGS 制造商每制造一块组件面板就会产生 22gCO_{2-eq}/kWh[5]。

本附录详细介绍了总部位于加利福尼亚州弗里蒙特的 CIGS 面板制造商 Solyndra 的历史业绩。Solyndra 公司于 2009 年完成了第一个全年生产。其第一代产品被称为 100 系列。最初，环境影响完全由设备要求主导，并且随着产量的线形增长而呈现指数衰减。一旦产量达到 200MW 以上，面板设计变成了最重要的影响因素。

100 系列产品的自镇流设计可以补偿由于新外形带来的环境影响。Solyndra 公司的面板由 40 个封装在铝框架中的圆柱形组件构成（见图 J.1）。每个组件组成的同心管密封并压入框架（见图 J.2）。中心管的周围涂有 CIGS 电池。圆柱形电池可以 360°捕获阳光，这被描述为自我跟踪现象。这消除了面板倾斜或机械跟踪的要求。面板平行于屋顶安装，没有物理固定在建筑物上。这种非穿透功能不包括需要在使用寿命结束时重新施工，并在需要重新定位的情况下使整个安装可重复使用。这种独特的 BOS 补偿增强了对圆柱形材料的体现能量需求。

3. 过程

这些计算所使用的方法符合国际组织和光伏行业的标准。计算遵循国际标准

图 J. 1　Solyndra 公司的 100 系列面板

化组织（ISO）14040（LCA 原则和框架），ISO 14044（要求和指南）和国际能源署行业标准 – 光伏发电系统计划（IEA – PVPS）任务 12、子任务 12：LCA。

除非另有说明，SimaPro 7.2 软件、Ecoinvent 数据库（版本 2.0）和所有输入材料未经修改使用。政府间气候变化专门委员会（IPCC）2007 GWP 100a（版本 1.02）和累积能源需求（CED）（1.07 版）分别用于碳足迹和 EPBT 的计算。根据 IEA – PVPS 任务 12 的规定，性能假设包括 1700kWh/(m^2 · 年）的日照量和 0.75 的性能比（这是屋顶安装标准）。使用 11MJ/kWh 转换因子可以将二次能源转换为一次能源。转换效率取决于地理区域，南欧常用转换因子是 11MJ/kWh[10]。

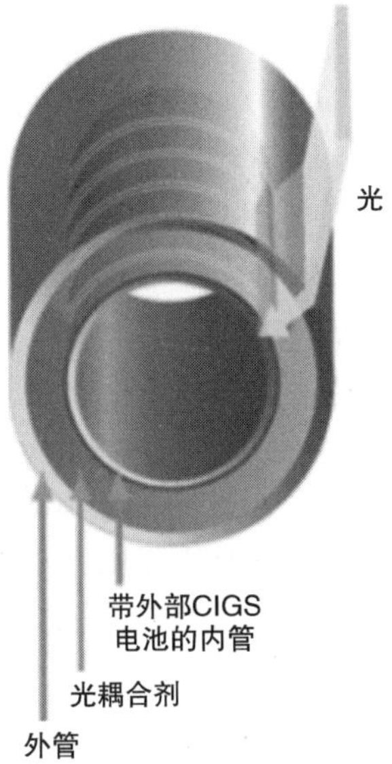

图 J. 2　Solyndra 公司的圆柱形组件

LCA 包括构建面板所需的资源，将其运送到南欧，并安装。面板对 LCA 的贡献包括能源使用、水需求、电池制造过程中的排放、组件封装和面板框架。从 2008 年到 2011 年，收集了能源账单、水费单和生产数据。2011 年第三季度（Q3）和第四季度（Q4）的资源需求是根据前几年的历史数据估算的。在工厂中使用了未经 Ecoinvent 数据库修改的用于电池制造和包装的材料。根据清单中的材料选择灵敏度分析显示，EPBT 和碳足迹的变化分别为 ±0.1 年和 ±5gCO_{2-eq}/kWh。只有 Solyndra 公司的操作过程效率包括在这项研究中。运输仅限于从一级供应商到 Solyndra 公司的材料运输以及从 Solyndra 公司到欧洲的一个现场的面板运输。安装需要一些指定为 BOS 的材料。电气 BOS 包括电缆、电缆桥架和逆变器，而机械 BOS 包括将面板放置在平屋顶上的 Solyndra 公司的定制安装。

美国能源部的凉屋顶计算器[11]用于模拟中等日照（1700kWh/m^2）下的凉屋顶的影响。*R* 值（热阻）、太阳反射率和红外发射率分别为 10、50 和 60。对于 3197m^2 的屋顶，计算得到的年度节省能量为 36424MJ。

4. 结果

影响评估受企业规模的影响很大。因此，在这项研究中采用的时间范围至关重要。在新公司的前几个季度中，由于生产设备的增加以及设计中最后几个部件的选择，产量较低。在试点成功后，生产量迅速增加，以实现规模经济的最大化，同时降低成本并减少环境影响。

Solyndra 公司于 2008 年第四季度开始发货，发货量为 1.6MW。在低产量下，工厂资源集中在少数的面板上[9]。事实上，2009 年第一季度 100 系列面板的初始 EPBT 为 3.4 年。能源消耗与生产能力的比值为 3279kWhe/kWh；这低于由 Knapp 和 Jester 确定的试点阶段的值[9]。工厂的设备运营在初始阶段未得到充分利用，因为空置的工厂空间是在预期复制生产线和增加产能的情况下租用的。这种低效率方式不会长时间存在。生产能力几乎每季度增长一倍，EPBT 呈指数下降。到 2009 年第四季度，累计产量已增至 31MW，导致 EPBT 为 1.6 年（见图 J.3）。截至 2010 年第四季度，累计产量翻了一番，最终产量达到了 60MW，EPBT 为 1.4 年。2010 年，Solyndra 公司的最初生产基地和新设备被收购以支持额外的生产线。这造成了 2010 年第四季度和 2011 年第一季度之间的 EPBT 停滞。尽管如此，2011 年的年产量翻了一番，EPBT 下降到了 1.2 年，能源比例也降低到 846kWhe/kWp。过去 2 年的这种下降，仅仅是工厂效率提高的结果，这减少了能源使用的影响。即使没有改变 100 系列的设计，单纯预期产量增加的情况下，EPBT 在 2012 年最终也会不到 1 年。这一数字与薄膜制造商报告的数字相比是有竞争力的，并与 CIGS 技术预期的 1.2 年相一致[12]。

在这个时间范围内，LCA 很大程度上受到面板产量的影响（见图 J.4）。面板产量是设备操作和制造材料的综合结果（见图 J.5）。在低产量时，工厂使用的能源补偿了 EPBT 的 56%。产量为 200MW 时，工厂的能源消耗贡献了 48%（见图 J.5）。直到初创企业达到规模经济，产品设计才会显著影响 EPBT。从运营到设计的过渡是由面板结构和电池组成决定的。对于 Solyndra 公司的技术，需要 150~200MW 产量，EPBT 才能达到受产品设计影响的值。在这一点上，圆柱形玻璃使 EPBT 增加了 0.1 年，否则将不需要相同质量的平板、低铁浮法玻璃。

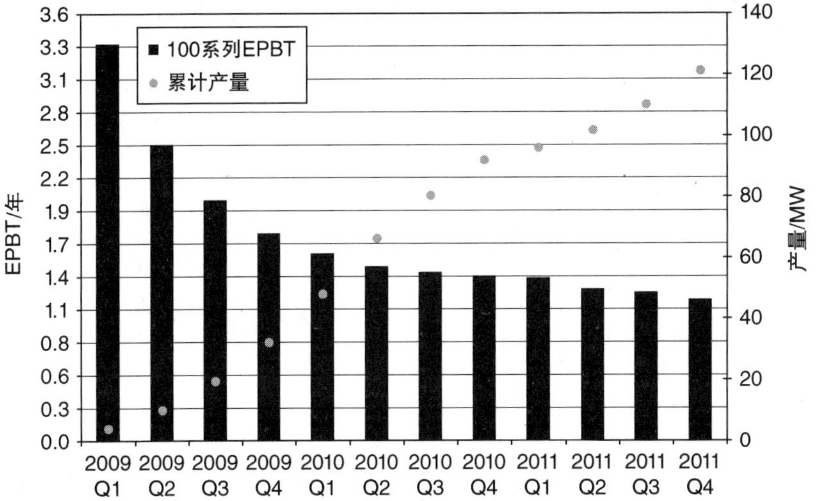

图 J.3　2009 年第一季度到 2011 年第四季度 Solyndra 公司
100 系列面板的历史 EPBT 值以及面板累计产量

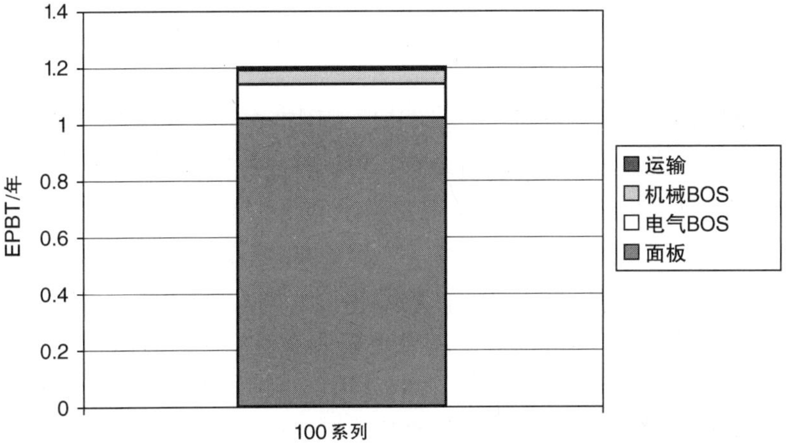

图 J.4　2010 年在欧洲地区安装 100 系列面板对 EPBT 影响的细分

第二个最大的影响因素是 BOS。电气 BOS 影响最大，而机械 BOS 则为最小。Solyndra 公司的面板比传统的平板组件（12.6 ~ 8.2kg）稍重 31kg，需要避免屋顶穿透安装。Solyndra 公司的面板与其特别设计的面板安装座和支架一起出货。

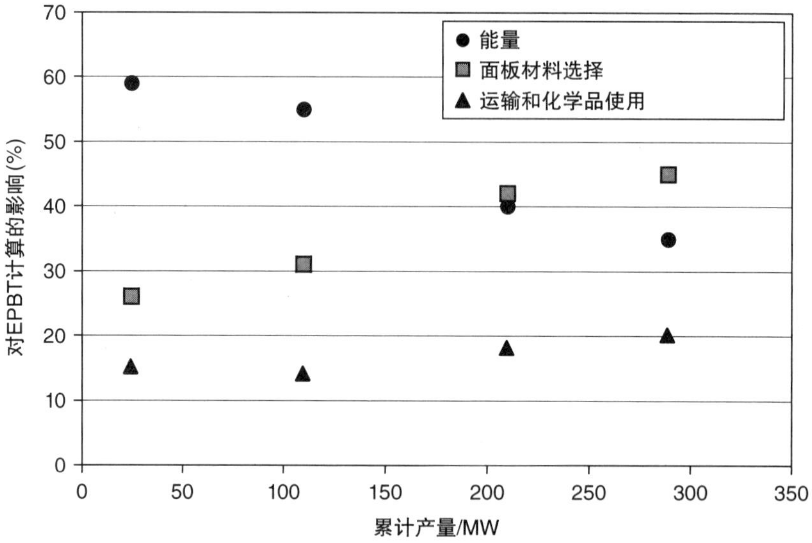

图 J.5 工厂和设计选择对 100 系列 EPBT 的影响

面板安装座由铝棒和彩绘铝板组成（见表 J.1）。总共有四个部分，每个面板的总重量为 0.5kg/m^2。相比之下，传统的安装系统最多可以有 220 个机械零件，总重量为 1.8kg/m^2（见图 J.6）。这种较少材料的能量使用降低到传统 BOS 组件的 1/5（见图 J.7）。

由于其圆柱形设计，Solyndra 公司的技术使用直射、漫射和反射的阳光。这建立了一个自我跟踪机制。这种现象意味着不需要大型的机械和电气设备来获得全天候的阳光。理想的性能是在一个安装白色反射屋顶膜的情况下获得的。因此，完整的生命周期清单包括与此相关的资源和凉屋顶膜相关的能源节省。白色凉屋顶反射的光线降低了建筑物的内部温度，从而减少了夏季居住者对暖通空调（HVAC）的需求。在本研究中，聚氯乙烯层压板被添加到安装 LCA 中，以模拟凉屋顶需求（见图 J.6）。凉屋顶材料的体现能量增加 10MJ/m^2，这在夏季降低了对 HVAC 的需求。具体来说，节能使需求减少 -11MJ/m^2。

类似于 EPBT，100 系列面板的碳足迹随着工厂产量的增长呈指数下降。在 2009 年，碳足迹为 71.1gCO_{2-eq}/kWh，到 2011 年底降至约 29.7gCO_{2-eq}/kWh。从安装的角度来看，面板的影响占据碳足迹的 88%，其次是电气 BOS 和运输的影响。进一步的验证发现，对组件面板的碳足迹影响最大的是用于生产的电力（48.7%）、制造材料（42.0%）、交通运输（3.9%）和生产中的消耗品（5.4%）（见图 J.8）。

表 J.1　100 系列面板所用材料的细分

材料分类	圆柱形组件/(kg/m²)	框架/(kg/m²)	面板安装座/(kg/m²)
玻璃	8.4	NA	NA
聚合物	4.1	8.2e-1	NA
薄膜金属	2.5e-2	Na	NA
金属（例如 BOS）	0.3	2.0	5.0e-1

注：NA 为 not applicable（不适用）的英文简称。

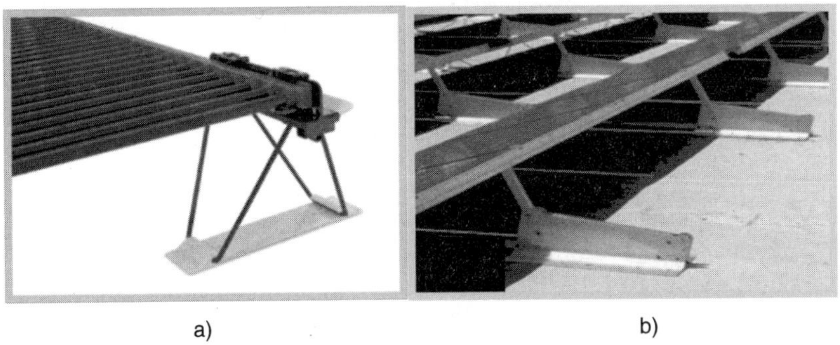

图 J.6　a）Solyndra 公司阵列和 b）平板组件阵列的 BOS 需求比较

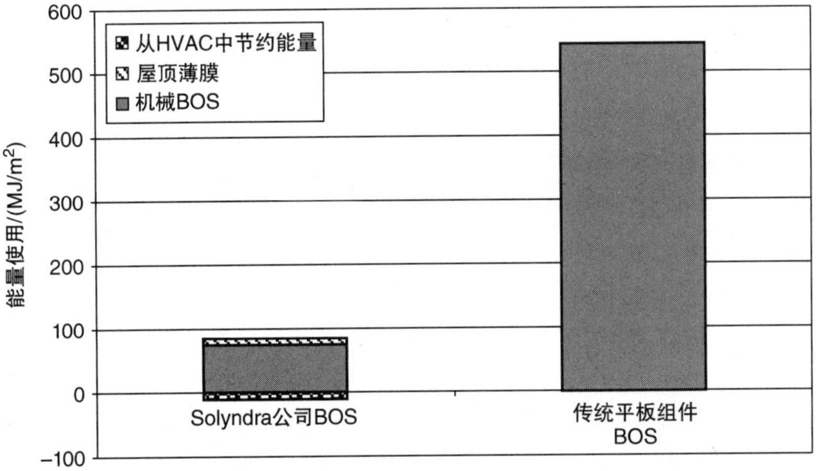

图 J.7　Solyndra 公司 BOS 与传统平板组件 BOS 之间的能量使用差异

5. 结论

随着组件产量的增加，环境影响也会自然减小。对于 Solyndra 公司的技术，达到 200MW 的产量之前，独特的产品设计的影响都不是主要因素。在这些较高的产量下，制造圆柱形电池所需的额外能量被较低的 BOS 要求抵消了。反射屋顶膜是获得最佳组件性能所必需的，并且只有很小的环境影响。

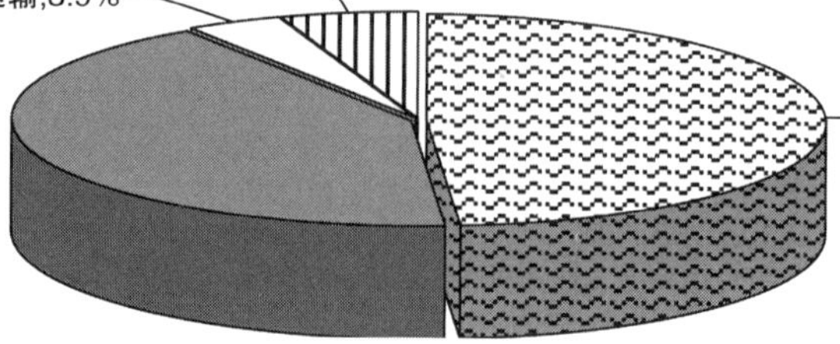

图 J. 8　对 Solyndra 公司面板碳足迹影响的分解

参 考 文 献

1. Fthenakis, V., and E. Alsema. "Photovoltiacs Energy Payback Times, Greenhouse Gas Emissions and External Costs: 2004–Early 2005 status." *Progress in Photovoltaics: Research and Applications* 14(2006): 275–280.
2. International Energy Agency (IEA). *Technology Roadmap: Solar Photovoltaic Energy.* Paris, IEA, October 2010.
3. Solar Energy Industries Association. *U.S. Solar Energy Trade Balance Report 2011* (GTM/SEIA). Washington: Greentech Media, 2011.
4. de Wild-Scholten, M."Solar as an Environmental Product: Thin-Film Modules Production and Their Environmental Assessment." Presentation at the Film Industry Forum, Berlin, Germany, April 2009.
5. de Wild-Scholten, M., M. Strum, M. A. Butturi, et al. "Environmental Sustainability of Concentrator PV Systems: Preliminary LCA Results of the Apollon Project." Presented at the 25th European Photovoltaic Solar Energy Conference, Valencia, Spain, September 6–10, 2010.
6. Alsema, E. A. "Energy Requirements and CO_2 Mitigation Potential of PV Systems." Presentation at the BNL/NREC Workshop "PV and the Environment 1998," Keystone, CO, July 23–24, 1998.
7. Alsema, E. A., M. J. de Wild-Schoolten, and V. M. Fthenakis. "Environmental Impacts of PV Electricity Generation: A Critical Comparison of Energy Supply Options." Presentation at the 21st European Photovoltaic Solar Energy Conference, Dresden, Germany, September 4–8, 2006.
8. Battisti, R., and A. Corrado. "Evaluation of Technical Improvements of Photovoltaic Systems through Life Cycle Assessment Methodology." *Energy* 30 (2005): 952–967.
9. Knapp, K. E., and J. T. Jester. "An Empirical Perspective on the Energy Payback Time for Photovoltaic Modules." Presentation at the Solar 2000 Conference, Madison, WI, June 16–21, 2000.
10. Peharz, G., and F. Dimroth. "Energy Payback Time of the High-Concentration PV System FLATCON." *Progress in Photovoltaics: Research and Applications* 13 (2005): 627–634.
11. U.S. Department of Energy's Oak Ridge National Laboratory. DOE Cool Roof Calculator: Estimates Energy and Peak Demand Savings for Flat Roofs with Non-Black Surfaces, Version 2.0. Washington, 2011. http://www.ornl.gov/sci/roofs+walls/facts/CoolCalcPeak.htm
12. de Wild-Scholten, M. "Solar as an Environmental Product." Presentation at the SRC/MIST Forum on Solar-Electrical Energy Systems, Ahu Dhabi, March 27, 2011.

附录 K　各种光伏技术的生命周期评估结果

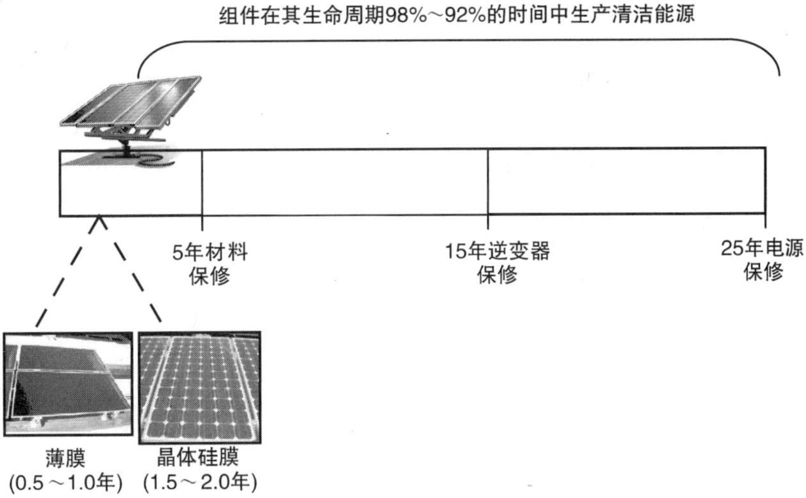

图 K.1　涉及逆变器和组件保修的薄膜和晶体硅装置的能量回收期（EPBT）综述

（来源：M. de Wild - Scholten, M. Sturm, M. A. Butturi, et al.,"Environmental Sustainability of Concentrator PV Systems: Preliminary LCA Results of the Apollon." Presented at the 25th European Photovoltaic Solar Energy Conference, Valencia, Spain, September 6 - 10, 2010）

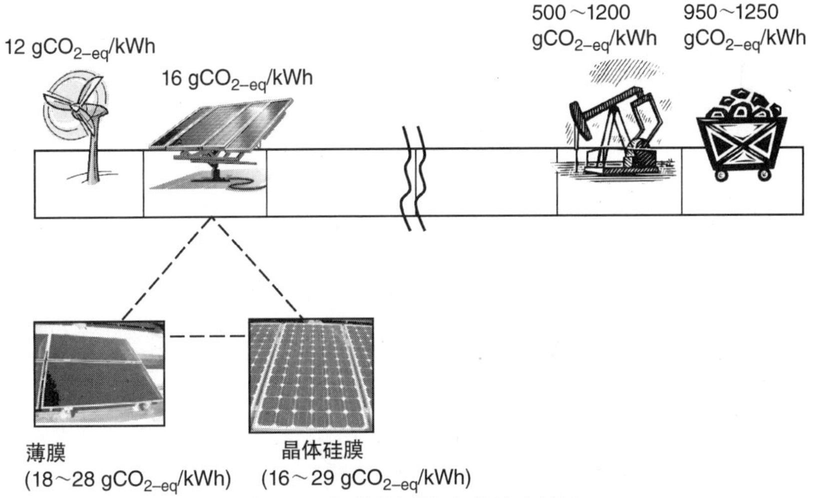

图 K.2　各种能源技术碳足迹综述

（来源：D. Weisser,"A Guide to Life - Cycle Greenhouse Gas (GHG) Emissions from Electric Supply Technologies." Energy 32 (2007): 1543 - 1559; and M. de Wild - Scholten, M. Stturm, M. A. Butturi, et al., "Environmental Sustainability of Concentrator PV Systems: Preliminary LCA Results of the Apollon." Presented at the 25th European Photovoltaic Solar Energy Conference, Valencia, Spain, September 6 - 10, 2010）

表 K.1　多晶太阳电池的 EPBT

作者(日期)	EPBT/年	辐照量/(kWh/m²/年)	效率(%)	框架/年	BOS/年	机械BOS	电气BOS	备注
Jungbluth (2008)	3.5	1117	14.0					平屋顶安装
Jungbluth (2008)	4.2	1117	13.2					立面安装
Jungbluth (2008)	4.2	1117	13.2	√				立面整合
Jungbluth (2008)	2.7	1117	13.2					斜屋顶
Jungbluth (2008)	2.9	1117	13.2	√				斜屋顶
Alsema (2000)	3.1	1700	13			√	√	
Bankier (2006)	3.8	1700	13	√		√	√	总结以前的研究并增加人力的影响
Meijer (2003)	3.5							
kato (2001)	2.4	1430						假设不同的年度组件生产量为 10MW、30MW 和 100MW
Alsema (2005)	1.1～2.2		变化	0.13	0.19			电池效率在 13.2%～16%之间并且有框架
NREL (1999)	3.7	1700	12	0.31	0.59			屋顶安装性能比为 75%
Ito (2009)	2.2	1702	13.9			√	√	安装地点位于呼和浩特市
Fthenakis (2006)	2.2	1700	13.2	0.2	0.2	√	√	
Battisti (2005)	3.0	1530						倾斜的屋顶集成
Battisti (2005)	3.8	1530						倾斜的屋顶改造
Battisti (2005)	3.3	1530	10.7					平屋顶安装
Battisti (2005)	3.8	1700						包括安置工人

注：√ = 包含在计算中；空格表示没有被包括或没有详细说明。

来源：

Bankier, C., and S. Gale. "Energy Payback of Roof Mounted Photovoltaic Cells." *Journal of the Society for Sustainability and Environmental Engineering*7 (2006). http://www.energybulletin.net/node/17219

U.S.National Renewable Energy Laboratory. "Energy Payback: Clean Energy from PV" (Report No. NREL/FS-520-24619). Denver: Government Printing Office, 1999.

Battisti, R., and A. Corrado. "Evaluation of Technical Improvements of Photovoltaic Systems Through Life Cycle Assessment Methodology." *Energy* 30 (2005): 952–967.

Fthenakis, V., and E. Alsema. "Photovoltaics Energy Payback Times, Greenhouse Gas Emissions and External Costs: 2004–Early 2005 Status." *Progress in Photovoltaics: Research and Applications* 14 (2006): 275–280.

Meijer, A., M.A.J. Huijbregts, J.J. Schermer, and L. Reijnders. "Life-Cycle Assessment of Photovoltaic Modules: Comparison of mc-Si, InGaP, and InGaP/mc-Si Solar Modules" *Progress in Photovoltaics: Research and Applications* 11 (2003): 275–287.

Jungbluth, N., M. Tuschschmid, and M. de Wild-Scholten. "Life Cycle Assessment of Photovoltaics: Update of the Ecoinvent Database v2.0" (ECN-O-08-025). Energy Research Centre of the Netherlands,Petten, Netherlands, 2008.

Alsema, E. A. "Energy Pay-Back Time and CO2 Emissions of PV Systems." *Progress in Photovoltaics: Research and Applications* 8 (2000): 17–25.

Kato, K., T. Hibino, K. Koomoto, et al. "A Life-Cycle Analysis on Thin FilmCdS/CdTe PV Modules." *Solar Energy Materials and Solar Cells* 67 (2001): 279–287.

Ito, M.,K.Komoto,and K.Kurokawa. "A Comparative LCA Study on Potential of Very-Large Scale PV Systems in the Gobi Desert." Presented at the 34th IEEE Photovoltaic Specialists Conference (PVSC), Philadephia, PA,June 7–12, 2009.

Alsema, E.A., and M.J. de Wild-Scholten. "Environmental Impacts of Crystalline Silicon Photovoltaic Module Production" (ECN-RX-06-010).Presented at the Materials Research Society Fall Meeting, Boston, November 2005.

表 K.2 单晶太阳电池板的 EPBT

作者(日期)	EPBT/年	辐照量/(kWh/m^2/年)	效率(%)	框架/年	BOS/年	机械BOS	电气BOS	备注
Lu (2010)	7.1~20.0		13.3					
Kato (1998)	3.3	1427	12.2	√	√			去除处理次品硅的能源需求；只考虑硅生产的 Czochralski 加工后的过程
Frankl (1998)	9.0	1700	14.5	√	√			电厂安装
Frankl (1998)	2.75	1700	18.0	√	√			电厂安装；基于硅改进进行估算
Frankl (1998)	7.5	1700	14.5		√			改造系统，平屋顶
Frankl (1998)	7.5	1700	14.5		√			集成系统，平屋顶
Frankl (1998)	5.0	1700	14.5		√			有热回收的集成系统
Frankl (1998)	7.0	1700	14.5		√			集成系统，光伏组件瓦片
Olson (2011)	1.45	1700	14.0	√				
Jungbluth (2008)	3.3	1117	14.0	√				倾斜屋顶安装
Jungbluth (2008)	3.2	1117	14.0					倾斜屋顶集成
Jungbluth (2008)	4.9	1117	14.0					集成立面
Jungbluth (2008)	4.9	1117	14.0	√				立面安装
Jungbluth (2008)	3.5	1117	14.0	√				平屋顶安装
Ito (2009)	2.2	1702	14.3			√	√	安装地点在呼和浩特市
Alsema (2000)	4.0	1700	13.0	0.3	1.2	√	√	接地安装，并网
Alsema (2000)	3.3	1700	13.0	0.3	0.5	√	√	屋顶，基于 1999 年的价格并网
Alsema (2005)	2.7		14.0	0.13	0.19			

（续）

作者（日期）	EPBT /年	辐照量/（kWh/m^2 /年）	效率（%）	框架 /年	BOS /年	机械 BOS	电气 BOS	备注
Alsema（2000）	2.3	1700	15.0	无	0.9	√	√	地面安装，并网发电，于 2010 年达到预期效率
Alsema（2000）	1.7	1700	15.0	无	0.3	√	√	基于 2010 年预测的以并网为基础的估计
kato（1997）	15.5	1427		√	√			由次品硅制成；假定多晶硅负责能量回收；在日本住宅安装 3kW 的阵列
kato（1997）	11	1427		√	√			多晶硅和 $SiCl_4$ 工艺共用能量贡献；在日本住宅安装 3kW 的阵列
Kato（1997）	4	1427		√	√			忽略从次品硅到冶金级硅（MG－Si）生产过程中的所有能源需求；在日本住宅安装 3kW 的阵列

注：√＝包含在计算中；空格表示没有被包括或没有详细说明。

来源:

Alsema, E.A. and M.J. de Wild-Scholten. "Environmental Impacts of Crystalline Silicon Photovoltaic Module Production" (ECN-RX-06-010).Presented at the Materials Research Society Fall Meeting, Boston, November 2005.

Lu, L., and H.X. Yang. "Environmental Payback Time Analysis of a Roof-Mounted Building-Integrated Photovoltaic (BIPV) System in Hong Kong" *Applied Energy* 87(2010): 3625–3631.

Jungbluth, N., M. Tuschschmid, and M. de Wild-Scholten. "Life Cycle Assessment of Photovoltaics: Update of the Ecoinvent Database v2.0" (ECN-O-08-025). Energy Research Centre of the Netherlands,Petten, Netherlands.

Alsema, E.A. "Energy Pay-Back Time and CO_2 Emissions of PV Systems." *Progress in Photovoltaics: Research and Applications* 8 (2000): 17–25.

Frankl, P., A. Masini, M. Gamberale, and D. Toccaceli. "Simplified Life-Cycle Analysis of PV Systems in Buildings: Present Situation and Future Trends." *Progress in Photovoltaics: Research and Applications* 6 (1998): 137–146.

Kato, K., A. Murata, and K. Sakuta. "An Evaluation on the Life Cycle of Photovoltaic Energy System Considering Production Energy of Off-Grade Silicon." *Solar Energy Materials and Solar Cells* 47 (1997): 95–100.

Olson, C., M. de Wild-Scholten, M. Scheff, and P.J. Ribeyron. "Life Cycle Assessment of Heterojunction Solar Cells and Modules." Presented at the26th European Photovoltaic Solar Energy Conference and Exhibition, Hamburg, Germany, September 5–9, 2011.

Kato, K., A. Murata, and K. Sakuta. "Energy Pay-Back Time and Life-Cycle CO_2 Emission of Residential PV Power System with a Silicon PV Module." *Progress in Photovoltaics: Research and Applications* 6 (1998): 105–115.

Ito, M., K. Komoto, and K. Kurokawa. "A Comparative LCA Study on Potential of Very-Large Scale PV Systems in the Gobi Desert." Presented at the 34th IEEE Photovoltaic Specialists Conference (PVSC), Philadelphia, PA, June 7–12, 2009.

表 K. 3　非晶硅光伏的 EPBT

作者(日期)	EPBT /年	辐照量/(kWh/ m^2/年)	效率 (%)	框架 /年	BOS /年	备注
kato (1998)	1. 1	1427	10	√	√	100MW/年电池产量
NREL (1999)	3. 0	1700	6	0. 50	1. 0	
Jungbluth (2008)	3. 0	1117	6. 5	√		倾斜屋顶安装
Jungbluth (2008)	2. 5	1117	6. 5			倾斜屋顶集成
Alsema (2000)	2. 7	1700	7	0. 6	0. 8	基于 1999 年的效率；屋顶安装；并网
Alsema (2000)	1. 2	1700	10	无	0. 5	2010 年效率增加；无框组件，屋顶安装，并网
Alsema (2000)	2. 0	1700	10	无	1. 3	地面安装，并网，于 2010 年达到预期效率
Alsema (2000)	4. 0	1700	7	0. 5	2. 1	地面安装，并网，基于 1999 年的效率

注：√ = 包含在计算中；空格表示没有被包括或没有详细说明。

来源：

U.S. National Renewable Energy Laboratory. "Energy Payback: Clean Energy from PV" (NREL/FS-520-24619). Denver: Government Printing Office, 1999.

Alsema, E.A. "Energy Pay-Back Time and CO_2 Emissions of PV Systems." *Progress in Photovoltaics: Research and Applications* 8 (2000): 17–25.

Kato, K., A. Murata, and K. Sakuta. "Energy Pay-Back Time and Life-Cycle CO_2 Emission of Residential PV Power System with a Silicon PV Module." *Progress in Photovoltaics: Research and Applications* 6 (1998): 105–115.

Jungbluth, N., M. Tuschschmid, and M. de Wild-Scholten. "Life Cycle Assessment of Photovoltaics: Update of the Ecoinvent Database v2.0" (ECN-O-08-025). Energy Research Centre of the Netherlands, Petten, Netherlands.

表 K. 4　聚光光伏的 EPBT

作者(日期)	EPBT /年	辐照量/(kWh/ m^2/年)	效率 (%)	跟踪器	组件	备注
de Wild – Scholten (2010)	1. 5	1794	21. 8			
de Wild – Scholten (2010)	1. 9	1794	22. 7			
de Wild – Scholten (2010)	0. 8	1794	24. 1			
Peharz (2005)	0. 7 ~ 0. 8	1900	26	41%	19%	在德国生产，在西班牙安装
Minassians (2006)	1. 5	1825	35	26%		
Kammen (2011)	0. 7 ~ 1. 9	变化				各种组件设计和参考；入射辐照量可导致高达 30% 的 EPBT 差异

注：√ = 包含在计算中；空格表示没有被包括或没有详细说明。

来源：

de Wild-Scholten, M., M. Sturm, M.A. Butturi, et al. "Environmental Sustainability of Concentrator PV Systems: Preliminary LCA Results of the Apollon." Presented at the 25th European Photovoltaic Solar Energy Conference, Valencia, Spain, September 6–10, 2010.

Peharz, G., and F. Dimroth. "Energy Payback Time of the High Concentration PV System FLATCON." *Progress in Photovoltaics: Research and Applications* 13(2005): 627–634.

Kammen, D. "An Assessment of the Environmental Impacts of Concentrator Photovoltaics and Modeling of Concentrator Photovoltaic Deployment Using the SWITCH Model." University of California, Berkeley, CA, 2011.

Minassians, A. D., R.Farshchi, J.Nelson, et al. "Energy Payback Time of a SolFocus Gen1 Concentrator PV System MSE-ER C226 Photovoltaic Materials Modern Technologies in the Context of a Growing Renewable Energy Market." University of California, Berkeley, CA,2006.

表 K. 5　薄膜光伏的 EPBT

作者（日期）	电池	EPBT/年	辐照量/（kWh/m^2/年）	效率（%）	备注
de Wild – Scholten（2010）	CdTe	0. 7			
de Wild – Scholten（2010）	CIGS	1. 2			
Ito（2009）	CdTe	2. 5	1702	9. 0	安装地点位于呼和浩特市
Fthenakis（2006）	CdTe	1. 0	1700	8. 0	屋顶安装，欧洲生产
Jungbluth（2008）	CdTe	2. 7	1117	7. 1	倾斜屋顶安装面板
Jungbluth（2008）	CIS	2. 8	1117	10. 7	倾斜屋顶安装面板
Ito（2009）	CIS	2. 1	1702	10. 1	安装地点位于呼和浩特市
Filippidou（2010）	CdTe	2. 56	133. 80	9. 0	水平面板
Kato（2001）	CdTe	1. 7			年产 10MW；屋顶住宅
Kato（2001）	CdTe	1. 4			年产 30MW；屋顶住宅
Kato（2001）	CdTe	1. 1			年产 100MW；屋顶住宅

注：√ = 包含在计算中；空格表示没有被包括或没有详细说明。

来源：

Filippidou, F., P. N. Botsaris, K. Angelakoglou, and G. Gaidajis. "A Comparative Analysis of a CdTe and a Poly-Si Photovoltaic Module Installed in North Eastern Greece." *Applied Solar Energy* 46 (2010): 182–191.

Fthenakis, V., and E. Alsema. "Photovoltaics Energy Payback Times, Greenhouse Gas Emissions and External Costs: 2004–Early 2005 Status." *Progress in Photovoltaics: Research and Applications* 14 (2006): 275–280.

de Wild-Scholten, M. "LCA of a PV Module Life Cycle: From Cradle to Cradle." Presented at the 1st International Conference on PV Module Recycling, Berlin, January26, 2010.

Kato, K., T. Hibino, K. Koomoto, S. et al. "A Life-Cycle Analysis on Thin FilmCdS/CdTe PV modules." *Solar Energy Materials and Solar Cells* 67 (2001): 279–287.

Ito, M., K. Komoto, and K. Kurokawa. "A Comparative LCA Study on Potential of Very-Large Scale PV Systems in the Gobi Desert." Presented at the 34th IEEE Photovoltaic Specialists Conference (PVSC), Philadelphia, PA, June 7–12, 2009.

Jungbluth, N., M. Tuschschmid, and M. de Wild-Scholten. "Life Cycle Assessment of Photovoltaics: Update of the Ecoinvent Database v2.0" (ECN-O-08-025 2008). Energy Research Centre of the Netherlands, Petten, Netherlands.

表 K.6　各种能源的碳足迹

作者(日期)	能源	二氧化碳排放/(gCO_{2-eq}/kWh)	备注
Alsema（2005）	煤	1000	硬煤
Fthenakis（2006）	煤	900	2003 年德国，2001 年澳大利亚
Ruether（2004）	煤	834	543MW 煤气化联合循环发电厂，容量因数为 85%，消费中碳排放量最大
May（2003）	黑煤	1040	
May（2003）	褐煤	1341	
Jiao（2011）	煤	300 ~ 323	
Jiao（2011）	石油	258 ~ 300	
Jiao（2011）	天然气	136 ~ 178	
Ito（2009）	单晶硅	61.6	组件、电缆和逆变器在日本制造；部件由海陆运输；安装在呼和浩特市，效率为 14.3%，1702kWh/m^2
Jiao（2011）	多晶硅	33	
Ito（2009）	多晶硅	51.5	组件、电缆和逆变器在日本制造；部件从海陆运输；安装在呼和浩特市，效率为 13.9%，1702kWh/m^2/年
Jiao（2011）	REC FBR 多晶硅	17	
Kato（2001）	CdTe	14	屋顶住宅；与日本的效用进行比较，估计产量为 100g/kWh
Ito（2009）	CdTe	66.5	组件、电缆和逆变器在日本制造；部件从海陆运输；效率为 9%，1702kWh/m^2/年
Fthenakis（2006）	CdTe 光伏	21	1700kWh/m^2/年；8% 屋顶安装；欧洲生产
Fthenakis（2006）	多晶硅光伏	37	1700kWh/m^2/年；效率为 13.2%；屋顶安装，欧洲生产
Fthenakis（2006）	CdTe 光伏	25	1700kWh/m^2/年；效率为 9%；接地安装，美国生产
Alsema（2005）	多晶硅光伏	35	
Alsema（2005）	多晶硅光伏	45	
Ito（2009）	CIS	58.8	组件、电缆和逆变器在日本生产；部件从海陆运输；1702kWh/m^2/年；效率为 10%

注：√ = 包含在计算中；空格表示没有被包括或没有详细说明。

来源：

Alsema, E.A., and M.J. de Wild-Scholten. "Environmental Impacts of Crystalline Silicon Photovoltaic Module Production" (ECN-RX-06-010).Presented at the Materials Research Society Fall Meeting, Boston, November 2005.

Fthenakis, V., and E. Alsema. "Photovoltaics Energy Payback Times, Greenhouse Gas Emissions and External Costs: 2004–Early 2005 Status." *Progress in Photovoltaics: Research and Applications* 14 (2006): 275–280.

Jiao, Y., A. Salce, W. Ben, et al. "Siemens and Siemens-Like Processes for Producing Photovoltaics: Energy Payback Time and Lifetime Carbon Emissions." *JOM* January (2011): 28– 31.

May, J.R., and D.J. Brennan. "Application of Data Quality Assessment Methods to an LCA of Electricity Generation." *International Journal of Life Cycle Assessment* 8(2003): 215–225.

Ruther, J.A, M. Ramezan, and P.C. Balash. "Greenhouse Gas Emissions from Coal Gasification Power Generation Systems." *Journal of Infrastructure Systems* September (2004): 111–119.

Kato, K., T. Hibino, K. Koomoto, et al. "A life-Cycle Analysis on Thin FilmCdS/CdTe PV modules." *Solar Energy Materials and Solar Cells* 67 (2001): 279–287.

Ito, M., K. Komoto, and K. Kurokawa. "A Comparative LCA Study on Potential of Very-Large Scale PV Systems in the Gobi Desert." Presented at the 34th IEEE Photovoltaic Specialists Conference (PVSC), Philadelphia, PA, June 7–12, 2009.

附录 L　部分温室气体的全球变暖潜能值

表 L.1　选定数量的温室气体的全球变暖潜能值

温室气体	化学式	GWP100	GWP500
二氧化碳	CO_2	1	1
四氯化碳	CCl_4	1400	435
甲烷	CH_4	25	7.6
二氯甲烷	CH_2Cl_2	8.7	2.7
一氧化二氮	N_2O	298	153
六氟化硫	SF_6	22 800	32 600
三氯氟甲烷	CFC－11	4750	1620

来源：S. Solomon, D. Qin, M. Manning, et al. Contribution of Working Group I to the Fourth Assessment Report of the Intergovernmental Panel on Climate Change, 2007. Cambridge, UK: Cambridge University Press, 2007.

附录 M　SPI 树脂识别代码

表 M.1　塑料工业协会（SPI）的聚合物树脂识别代码

识别代码	聚合物名称	缩写
1	聚对苯二甲酸乙二醇酯	PET 或 PETE
2	高密度聚乙烯	HDPE
3	聚氯乙烯	PVC
4	低密度聚乙烯	LDPE
5	聚丙烯	PP
6	聚苯乙烯	PS
7	所有其他聚合物	无

附录 N　术语汇编

抛弃　被处置、被焚烧和积累处置（按照《美国资源保护与回收法》）。

减轻　减少或者降低。

有源半导体层　生成载流子电荷的单元中的半导体层。

非晶硅电池（a–Si）　由不结晶硅组成的薄膜光伏电池，缺乏长程有序和均匀的晶格结构。

分析物　分析过程中的材料或者物质。

原子层沉积（ALD）　气态化学前体依次反应形成薄膜的化学过程。

可生物降解　可通过生物反应（例如，细菌）产生物质分解。

碲化镉（CdTe）电池　由镉和碲元素构成的半导体组成的薄膜光伏电池。

加利福尼亚州行政手册（CAM）–17　指包含于加利福尼亚州法规22条中的锑、砷、钡、铍、镉、铬、钴、铜、铅、水银、钼、镍、硒、银、铊、钒和锌，常在废物提取试验（WET）中使用。

碳足迹　一个实体在各种操作过程（例如，光伏组件生产、开车上班的人等）中排放的二氧化碳总量。

碳抵消　温室气体排放量的减少，通常以避免或隔离100t二氧化碳等量温室气体为单位执行或者向绿色能源供应商购买。

胶结　通常用于精制浸出液的特定氧化还原反应，其中离子物质在固体金属的界面处被还原；例如，在铁的存在下铜离子减少以形成零价铜金属原子。

化学浴沉积（CBD）一种化学过程，在这种过程中固体膜沉积在表面上，化学前驱体成核，粒子从反应物中生长出来。

闭环回收　将材料从一个处理环节放置于另一个与其产生环节相似或/和相同的处理环节中，以制造一种新产品的行为。

焦炭　在煤或石油蒸馏的人造过程中，多孔碳和灰熔融在一起，在煤层和火山岩体的地质高压连接处自然形成。

遵守（监管）　遵从政策、法律和法规的要求。

综合环境反应、补偿和责任法（CERCLA）　1980年12月11日颁布的关于国内制造商产生的有害废物的美国联邦立法，该法案为联邦政府提供了应对释放和释放威胁的权力。

一致性　遵守一个规格或者标准。

合作原则　将所有利益相关方纳入决策过程的一种理论。

铜铟硒（CIS）电池　由铜、铟、硒组成的半导体制造而成的一种薄膜光伏电池。

铜铟镓硒（CIGS）电池　由铜、铟、镓、硒组成的半导体制造而成的一种薄膜光伏电池。

腐蚀性　一种物质，发生不可逆的反应，对另一种物质（如酸和碱）造成损害；根据第40条CFR，重要的材料特性是pH值小于2或大于12.5，或能以大于0.250in/年的速率腐蚀钢。

电流密度　单位面积的电流测量，通常由光伏制造商报告，因为它规范电池面积的影响。

可降解 通过一系列化学反应进行材料分解。

漫射性水平辐射 由于大气分子和气溶胶的散射，在水平表面上形成各种角度的入射光。

漫反射 反射或散射的太阳辐射。

二极管 允许电流仅在一个方向上流动的电子器件。

指令 立法类别，由各成员国负责执行；它必须在欧盟正式公报公布后的一段时间内执行。

直接正常辐照度（DNI） 与表面形成 90°直射的太阳辐射产生的辐照，以 kWh/（m^2·天）为测量单位，特别是与在跟踪太阳时聚光光伏系统相关。

丢弃 废弃，回收或固有的浪费（按照《美国资源保护与回收法》）。

处置 将产品放入垃圾填埋场或焚烧产品的过程。

多布森单位（DU） 臭氧层测量单位，标准温度和压强（1℃，1 个大气压）下 0.01mm 厚度的臭氧层为一个多布森单位。

降级回收 将使用过的产品和材料转化成质量较低的新产品的方法。

耐用品 非单次消耗的产品，使用寿命通常不长于 2 年。

地球承载力 在有限的环境资源条件下，地球所能支撑的生物种类的最大数目。

生态标签 一种环保产品声明，表明一个产品在其生命周期内对环境的影响。

规模经济 指因企业扩张而带来的经济利益。

生态毒理学 研究化学毒素对周围人口、环境和生态系统中所有物种的影响的环境毒理学的一个分支。

电沉积 一个综合性术语，指通过施加电场引起离子分离或反应的工业过程。

电解 在溶液或熔融固体上施加电压引起的离子物质分离或者刺激反应；用于分离天然矿石中的元素。

电磁波谱 无线电波、微波、红外光、可见光、紫外线、伦琴射线、伽马射线和高能伽马射线这些不同波长辐射的顺序排列。

电子产品环境影响评估工具（EPEAT） 全球注册电子产品在降低有毒有害物排放和节能改进的基础上表现出可改进的可持续性能；评估基于 IEEE P1680 列出的必要或建议性的标准：用于电子产品环境评估的系列标准。

电解沉积 一种通过将电流通过浆料，使金属沉积在电化学装置的电极上来净化金属的方法。

二氧化碳总排放 产品生命周期内排放的二氧化碳当量气体总量。

体现能源（EE）　产品生命周期内使用的能源总量。

寿命　当一个产品对最终消费者毫无用处时被标记的时间点，此刻它要么被弃置在垃圾填埋场中，要么被分解并回收到其他过程中使用。

环保、健康与安全（EH&S）　负责验证商业惯例的法规遵从性和确保员工安全的团队或部门。

环境影响评估（EIA）　对一项工程或一个产品对周边环境、社会和经济产生的影响的分析。

环境管理体系　将环境原则纳入企业实践的管理手段和原则；根据 ISO 14001，一个成功的项目包含一套识别和优先考虑环境问题的方法，对解决问题各个选项的评估，以及决策执行以后的成效衡量。

环保制造（ERM）　强调在产品生命周期内，通过优化实践以减少环境影响的一种管理理念。

环境毒理学　关于化学、物理和生物毒质对周边物种的有害影响的多学科研究。

等量　在酸碱反应中与 1mol 氢离子发生反应或者在氧化还原反应中与 1mol 电子发生反应所需要的化学物质量。

欧盟委员会　欧盟的执政机构，由各成员国代表组成；负责立法提案和执行。

欧洲共同体　欧洲的地缘政治实体。

欧洲光伏产业协会（EPIA）　由光伏制造商和供应商组成的行业组织。

欧盟　由 27 个成员国组成的地缘政治实体。

豁免　从以他人为主体的义务中释放的行为。

生产者责任延伸制　产品生产者对产品生命周期内产生的所有环境影响负责的制度。

非本征半导体　一种化学掺杂的半导体，以改善其在自然状态下的电学性能。

联邦公报　美国政府公报，包含所有拟议和被采纳的规则和条例；当一个物种被请求纳入濒危名单时，它会出现在该公报上。

新能源补贴政策　一种促进可再生能源投资的政策机制，通过承诺电网接入、长期合同和基于发电成本的购买价，来保证政府实体和公共事业采购可再生能源。

薄膜　薄材料片；在光伏层压板，特指聚合物背板。

箔　薄的机械柔性片；在光伏层压板，特指聚合物密封剂。

输入　气候模型中，影响系统温度的输入。

森林管理委员会（FSC）认证　关于木材有责任地培育和采收的国际性非

营利组织认证。

化石燃料 从有机体的化石中产生的燃料（如石油、煤等）。

自由基 具有未配对电子的化学物质。

燃料平价 可再生资源成本和传统化石燃料成本的均衡。

气相色谱－质谱（GC－MS） 是指在质谱仪中用分子在长柱上蒸发和分离来确定质量和电荷比的一种分析技术。

全球水平辐照度 直接正常辐射水平的辐射、漫射和地面反射辐射的总和，单位为 kWh/（m^2·天）。

全球变暖潜能值（GWP） 在一定时间范围内计算化学物质捕捉地球大气中辐射热的能力的相对量度。

颗粒状废物 一个综合的废物类别，包括除了块状废物以外的所有其他东西。

绿色建筑认证协会（GBCI） 由美国绿色建筑委员会（USGBC）创建的一个组织，执行领先能源与环境设计（LEED）认证，以及专业认证培训、测试。

绿色能源 “零售市场可再生能源和温室气体减排认证和验证项目”；Green－e Energy 的一个子项目，通过验证可再生能源证书是由正在使用可再生能源的能源供应商提供，来保护消费者。

温室气体 在漫长的大气寿命中能够吸收和发射红外辐射的气体；二氧化碳、甲烷、氧化亚氮、CFC－12、HCFC－22、四氟甲烷、六氟乙烷、六氟化硫和三氟化氮是一些例子。

电网平价 当替代能源可以以与电网电价相同的价格提供时的盈亏平衡点。

国内生产总值（GDP） 一个国家生产的所有商品和服务的年度货币价值。

人均国内生产总值 生活水平的衡量标准；它是通过将国内生产总值除以相应的国家人口数量来计算的。

半衰期 浓度降低到原始值一半的时间量度。

危险（化学品） 可能对环境造成危害，损害健康或危及生命的化学物质。

危险废物 由于本身具有危险或具有危险特性（根据《美国资源保护和恢复法》），在管理不当的情况下会对人类健康和环境造成重大危害的废物。

IEEE 标准 1680：环境性能标准 电子设备的环境要求，包括减少对环境敏感的材料、材料选择、寿命设计、产品寿命、节能、报废管理、企业绩效和减少包装。

可燃性的 根据 CFR 第 40 条规定，能够燃烧需要满足：①闪点低于 60℃的液体；②能够通过摩擦或化学变化产生火焰的固体；③能点燃的可压缩气体；④氧化剂。

电感耦合等离子体质谱（ICP－MS） 一种分析技术，其中分析物与等离子体源电离，质谱仪中的质量电荷比确定了所产生的带电质量碎片。

硅锭　铸造金属的形状，可以有效地用于额外的加工步骤。

辐照量　太阳能的入射光在固定的一段时间内在一个表面产生的能量；典型单位为 kWh/(m^2·天)。

国际能源署（IEA）　成立于 1974 年，该机构有两个主要任务，包括研究清洁、经常供应能源的替代品，并对出口国故意中断石油供应做出回应；该机构 2011 年有 28 个成员国（澳大利亚、奥地利、比利时、加拿大、捷克共和国、丹麦、芬兰、法国、德国、希腊、匈牙利、爱尔兰、意大利、日本、韩国、卢森堡、荷兰、新西兰、挪威、波兰、葡萄牙、斯洛伐克共和国、西班牙、瑞典、瑞士、土耳其、英国和美国）。

国际能源署光伏发电系统计划　由国际能源署监督的一个跨国成员组织，负责“加强国际合作，使光伏太阳能在不久的将来成为一个重要的可再生能源的选择”，并将其分为技术性和非技术性的任务。

本征半导体　未经其自然化学状态改变的半导体材料。

离子　具有净电荷的原子；可以带正电荷或负电荷。

离子交换　在水处理的情况下，是指使用由聚合物树脂或矿物质组成的交换器，去除不需要的离子并用环境友好型替代物代替它们的过程。

离子层气相反应（ILGR）　一种反应类型，开始于前体的喷雾或浸渍应用，然后与氢硫族化气体反应；这些步骤按顺序执行，直到形成所需厚度的一层；不需要真空或高热量。

辐照度　每单位面积入射的光功率，通常以 W/m^2 为单位。

辐照　固定时间内每单位面积产生的能量总量；常用来指太阳辐射能。

层压板　在光伏术语中，它指的是一种堆叠结构，包括玻璃、聚合物和太阳电池。

激光划片　一种使用激光从表面上去除材料的过程；在太阳能制造中，用来从沉积材料连续层中制造电池。

浸出液　用于从基质中提取溶质的流体。

领先能源与环境设计（LEED）　一个国际公认的建设项目认证过程，其表现是将可持续的实践、材料和过程纳入发展之中。

立法　由立法机关颁布的法律。

退火炉　用于玻璃退火的窑。

太阳能平准化成本　安装和运行太阳电池板的总成本除以生命周期能源输出；以美元/kWh 为单位。

生命周期分析（LCA）　产品在生命周期中对环境影响的清查和评估。

生命周期成本（LCC）　在产品生命周期中与产品相关联的所有成本的清

单。

使用寿命 从终端用户的角度看，是指产品购买到处置之间的时间段。

光 也称为可见光；包含了电磁光谱中 380 ~ 740nm 之间的波长。

液相色谱法 一种化学分离技术，使液体通过含有树脂的柱状物，让树脂基于各种化学物种的化学特性抵消其流速。

液 - 液萃取 一种使用不同的化学反应从两互不相溶的液体中提取元素、离子或化合物的方法。

管理系统 一种组合流程和程序的方法，以协调企业活动并达成预定目标。

中点评估 一种分析技术，研究对人类健康或环境产生冲击的相关特征和影响（如 GWP、酸化潜势等）。

摩尔浓度 化学单位，用于描述溶液中的溶质浓度；以每千克溶剂的溶质摩尔数（mol/kg）表示。

块状废物 经过处理的，以产生分层为特征的固体废物。

多结电池 由多个薄膜半导体化学物质组成的太阳电池。

国家优先事项清单 由国际环保署保存的美国联邦名单，指出有毒物质已知和预期释放的位置。

非耐用品 一次性消费的产品。

不可再生能源 EPA 定义的 200 年内无法得到补充的资源（如化石燃料）。

当量 用于描述溶液中溶质浓度的测量单位；以每升溶液的溶质摩尔数（mol/L）表示。

氧化还原反应 通过去除电子（氧化、增加氧化态）或通过获得电子（还原、降低氧化态）来改变化学物种的氧化态的一系列反应。

氧化剂 能够氧化（即去除电子）另一种物质的化合物或元素。

臭氧消耗潜能值（ODP） 化学物质破坏地球平流层臭氧层能力的相对度量；以氯氟烃（CFC）产生的影响作为比值。

百万分率（ppm） 一种浓度测量（1ppm 等值于 1mg/L）。

可光降解的 暴露于电磁辐射时能够降解的能力。

光伏电池 能够发电的光伏阵列的最小划分；通常由能够将光转换成电的半导体材料组成。

光伏组件 一系列连接和封装的光伏电池，代表可供消费者购买的最小的能源生成单位；也被称作光伏面板。

塑料 指可成型聚合材料；它是对称为热塑性塑料（如聚乙烯、聚丙烯、聚对苯二甲酸乙二醇酯）的聚合物进行细分的简称。

点源 单次，直接放电或产生。

污染者付费原则 个人、公司或实体产生的污染由其自己负责清理的原则；

这种原则通常认为最终消费者对污染负责而不是制造商。

多晶硅　由各种尺寸的晶体组成的结晶硅，这些晶体一起生长以产生多向晶界。

消费后回收　在消费者进行处置后，被再循环回收备用的材料（根据 ISO 14021）。

消费后废物　被部分或全部消费的产品。

加工后废物　制造过程中产生的废料和不合规产品。

预防原则　一种环保理念，即某项行动的环境后果的举证责任由实施者全部承担，从而试图强制促成保守的行为，并在各利益相关者之间平均分配责任。

消费前回收材料　在到达消费者之前被再循环回收备用的材料（根据 ISO 14021）。

产品类别规则（PCR）　用于指导适用于生命周期评估程序的产品特定规则的集合，以便进行跨产品比较。

产品生命周期　产品所有阶段的考量，包括设计、制造、服务和处置。

产品监管　通过确保参与产品生命周期的人有助于其安全和对环境负责，开发出一种可持续性产品的方法。

火法冶金　用于从矿石和矿物中提取和净化金属的热过程；例如熔炼。

活泼性　能够在给定情况或环境条件下发生反应；根据 CFR 第 40 条，“①不稳定性和能够产生剧烈变化；②与水混合时发生剧烈反应；③与水混合时会产生有毒烟雾；④与水混合时形成潜在爆炸性混合物；⑤含有硫化物或氰化物，暴露于酸时会形成有毒烟雾；⑥暴露于压力或接触热量时可爆炸；⑦在标准温度和压力下易爆炸分解；⑧被美国交通部定义为禁运爆炸品 A 类（爆炸危险）或 B 类（易燃危险）”。

回收　将材料组分分离成纯粹形式，用于其他应用或产品。

恢复　重新使用之前翻新到其原始状态。

回收率　从再生产品中提取的纯物质的量除以存在的物质的理论量；每个处理步骤具有不同的效率，这会影响回收处理的总回收率。

回收利用　也叫循环再造，指在新产品中应用使用过的材料。

法规　旨在控制行为的法律或规则。

可再生能源　资源不会耗尽的能源。

可再生能源信贷（REC）　向消费者提供的证明，证明所提供的能源是从可再生能源产生的；也称为可再生能源证书；是一种通常以千瓦时（kWh）作为出售单位的商品。

残值　有用寿命结束后所残余的产品价值。

资源保护和恢复法（RCRA）　1976 年制定的美国联邦法律，以确保危险废物的妥善处置。

资源回收效率（RRE） 从废物流中提取有用的材料和能源的效率。

重复使用 为了同一目的多次使用某种东西；也被称为重复利用。

半导体 通常是一种既显示绝缘体性质又显示导体性质的无机材料。

敏感度分析 一种数学运算，用于衡量分析参数和假设变化对环境影响的改变。

矽肺 又称为硅肺，是由吸入二氧化硅粉尘引起的呼吸系统疾病。

单晶硅（c－Si） 也称为单硅（mono－Si）；一种由单个连续晶体组成的没有晶界的硅。

炉渣 在冶炼过程中产生的非晶固体残留物。

粘稠液 固体和液体的粘稠混合物。

太阳能全美规范和标准委员会（Solar ABC） 制定太阳能规范和标准的工业专家委员会。

源削减 通过在设计环节降低重量、体积或毒性来减少产品对环境的影响。

利益相关者 受行动影响的个人、组织、政府实体或其他行为人。

补贴（能源） 根据国际能源署（IEA）的定义，指“政府在能源领域采取的所有降低能源生产成本、提高能源生产者收入价格、降低能源消费者支付价格的举措”。

可持续性 按照联合国的定义，为“满足现代人的需要，而不损害子孙后代满足需要的能力”。

太阳能系统的可持续性评估联盟（SENSE） 一个以分析研究太阳电池回收和生命周期而闻名的工业联盟。

收回程序 使制造商在使用产品后对其进行适当处置的程序。

薄膜电池 光伏电池的一种分类，用从太阳光产生电能的半导体材料的薄沉积（几纳米到几微米）来表示。

一级供应商 直接向消费者供应商品的实体（如光伏制造商）。

二级供应商 一级供应商的供应商。

标题Ⅲ化学品 根据1986年《超级基金修正和再授权法》（SARA）标题Ⅲ第302条、第304条或第313条（TRI）的解释要求上报的化学品，或者是罗列于1990年《洁净空气法修正案》（CAA）标题Ⅲ第112（r）条的化学品。

有毒的 描述作用物（通常是化学品）对生物及其细胞、组织或器官的破坏性影响的属性。

毒性（TC） 能够浸出等于或高于“毒性特征浸出程序”（TCLP）规定的有害物质的属性。

有毒物质排放清单（TRI） 向公众通报SARA标题Ⅲ第313条所列化学物

质排放事件的数据库；截至 2012 年 3 月，它包括 593 种化学品和 30 种化学品类别。

贸易壁垒 政府法规对国际贸易的限制。

不确定性分析 在报告计算中验证置信度的统计方法。

美国绿色建筑委员会（USGBC） 一个以可持续建筑设计和实务为手段创建手册和教学课程的非营利组织。

通用废物 危险废物类别中的满足特殊处理要求的类别，在此，生产者符合额外的要求，以确保安全处理、回收或处置；该类产品的例子有电池、阴极射线管和电子设备。

可升级 提高现有产品性能的能力，而不必生成新产品并耗尽有限的资源。

废物 “不必要的、不需要的、无用的物质或材料”（根据美国《资源保护和恢复法》）。

重量百分数 浓度的计算，定义为组分的重量与整个产品或系统的总重量之比乘以 100。

Michelle Poliskie
Solar Manufacturing: Environmental Design Concepts for Solar Modules
978 – 0 – 07 – 179542 – 5

图书在版编目（CIP）数据

太阳能制造：光伏组件的环境设计概念/（美）米歇尔·波利斯凯（Michelle Poliskie）著；何嵩，李梅香译. —北京：机械工业出版社，2018.3
（新能源开发与利用丛书）
书名原文：Solar Manufacturing: Environmental Design Concepts for Solar Modules
ISBN 978-7-111-58982-2

Ⅰ.①太…　Ⅱ.①米…②何…③李…　Ⅲ.①太阳能电池—环境污染—研究　Ⅳ.①X781.1

中国版本图书馆 CIP 数据核字（2018）第 010487 号

机械工业出版社（北京市百万庄大街 22 号　邮政编码 100037）
策划编辑：刘星宁　　　　　责任编辑：刘星宁
责任校对：佟瑞鑫　王明欣　封面设计：马精明
责任印制：孙　炜
保定市中画美凯印刷有限公司印刷
2018 年 3 月第 1 版第 1 次印刷
169mm × 239mm · 12 印张 · 223 千字
0 001—3 000 册
标准书号：ISBN 978 - 7 - 111 -58982 - 2
定价：69.00元

凡购本书，如有缺页、倒页、脱页，由本社发行部调换
电话服务　　　　　　　　　　　　网络服务
服务咨询热线：010 – 88361066　　机 工 官 网：www. cmpbook. com
读者购书热线：010 – 68326294　　机 工 官 博：weibo. com/cmp1952
　　　　　　　010 – 88379203　　金　书　网：www. golden – book. com
封面无防伪标均为盗版　　　　　教育服务网：www. cmpedu. com